"十三五"国家重点图书
2019年度国家出版基金资助项目

总顾问：李　坚　刘泽祥　胡景初
总策划：纪　亮　总主编：周京南

国家出版基金项目
NATIONAL PUBLICATION FOUNDATION

中国古典家具技艺全书

（第一批）

大成若缺 II

第八卷

（总三十卷）

主　编：梅剑平　蒋劲东　马海军
副主编：贾　刚　董　君　卢海华

中国林业出版社
·北京·

图书在版编目（CIP）数据

大成若缺 . II ／ 周京南总主编 . —— 北京 ：中国林业出版社，2020.5
（中国古典家具技艺全书 . 第一批）

ISBN 978-7-5219-0608-0

Ⅰ . ①大… Ⅱ . ①周… Ⅲ . ①家具－介绍－中国－古代 Ⅳ . ① TS666.202

中国版本图书馆 CIP 数据核字 (2020) 第 093862 号

责任编辑：樊 菲

出 版：中国林业出版社（100009 北京西城区德内大街刘海胡同 7 号）
印 刷：北京雅昌艺术印刷有限公司
发 行：中国林业出版社
电 话：010-8314 3518
版 次：2020 年 10 月 第 1 版
印 次：2020 年 10 月 第 1 次
开 本：889mm×1194mm，1/16
印 张：17.5
字 数：200 千字
图 片：约 650 幅
定 价：360.00 元

序 言

李 坚 中国工程院院士

讲到中国的古家具，可谓博大精深，灿若繁星。

从神秘庄严的商周青铜家具，到浪漫拙朴的秦汉大漆家具；从壮硕华美的大唐壶门结构，到精炼简雅的宋代框架结构；从秀丽俊逸的明式风格，到奢华繁复的清式风格，这一漫长而恢宏的演变过程，每一次改良，每一场突破，无不渗透着中国人的文化思想和审美观念，无不凝聚着中国人的汗水与智慧。

家具本是静物，却在中国人的手中活了起来。

木材，是中国古家具的主要材料。通过中国匠人的手，塑出家具的骨骼和形韵，更是其商品价值的重要载体。红木的珍稀世人多少知晓，紫檀、黄花梨、大红酸枝的尊贵和正统更是为人称道，若是再辅以金、骨、玉、瓷、珐琅、螺钿、宝石等珍贵的材料，其华美与金贵无须言表。

纹饰，是中国古家具的主要装饰。纹必有意，意必吉祥，这是中国传统工艺美术的一大特色。纹饰之于家具，不但起到点缀空间、构图美观的作用，还具有强化主题、烘托喜庆的功能。龙凤麒麟、喜鹊仙鹤、八仙八宝、梅兰竹菊，都寓意着美好和幸福，这些也是刻在中国人骨子里的信念和情结。

造型，是中国古家具的外化表现和功能诉求。流传下来的古家具实物在博物馆里，在藏家手中，在拍卖行里，向世人静静地展现着属于它那个时代的丰姿。即使是从未接触过古家具的人，大概也分得出桌椅几案，柜架床榻，这得益于中国家具的流传有序和中国人制器为用的传统。关于造型的研究更是理论深厚，体系众多，不一而足。

唯有技艺，是成就中国古家具的关键所在，当前并没有被系统地挖掘和梳理，尚处于失传和误传的边缘，显得格外落寞。技艺是连接匠人和器物的桥梁，刀削斧凿，木活生花，是熟练的手法，是自信的底气，也是"手随心驰，心从手思，心手相应"的炉火纯青之境界。但囿于中国传统各行各业间"以师带徒、口传心授"的传承方式的局限，家具匠人们的技艺并没有被完整的记录下来，没有翔实的资料，也无标准可依托，这使得中国古典家具技艺在当今社会环境中很难被传播和继承。

此时，由中国林业出版社策划、编辑和出版的《中国古典家具技艺全书》可以说是应运而生，责无旁贷。全套书共三十卷，分三批出版，并运用了当前最先进的技术手段，最生动的展现方式，对宋、明、清和现代中式的家具进行了一次系统的、全面的、大体量的收集和整理，通过对家具结构的拆解，家具部件的展示，家具工艺的挖掘，家具制作的考证，为世人揭开了古典家具技艺之美的面纱。图文资料的汇编、尺寸数据的测量、CAD和效果图的绘制以及对相关古籍的研究，以五年的时间铸就此套著作，匠人匠心，在家具和出版两个领域，都光芒四射。全书无疑是一次对古代家具文化的抢救性出版，是对古典家具行业"以师带徒，口传心授"的有益补充和锐意创新，为古典家具技艺的传承、弘扬和发展注入强劲鲜活的动力。

　　党的十八大以来，国家越发重视技艺，重视匠人，并鼓励"推动中华优秀传统文化创造性转化、创新性发展"，大力弘扬"精益求精的工匠精神"。《中国古典家具技艺全书》正是习近平总书记所强调的"坚定文化自信、把握时代脉搏、聆听时代声音，坚持与时代同步伐、以人民为中心、以精品奉献人民、用明德引领风尚"的具体体现和生动诠释。希望《中国古典家具技艺全书》能在全体作者、编辑和其他工作人员的严格把关下，成为家具文化的精品，成为世代流传的经典，不负重托，不辱使命。

2020 年 5 月

前　言

纪　亮　全书总策划

　　中国的古家具，有着悠久的历史。传说上古之时，神农氏发明了床，有虞氏时出现了俎。商周时代，出现了曲几、屏风、衣架。汉魏以前，家具形体一般较矮，属于低型家具。自南北朝开始，出现了垂足坐，于是凳、靠背椅等高足家具随之产生。隋唐五代时期，垂足坐的休憩方式逐渐普及，高低型家具并存。宋代以后，高型家具及垂足坐才完全代替了席地坐的生活方式。高型家具经过宋、元两朝的普及发展，到明代中期，已取得了很高的艺术成就，使家具艺术进入成熟阶段，形成了被誉为具有高度艺术成就的"明式家具"。清代家具，承明余绪，在造型特征上，骨架粗壮结实，方直造型多于明式曲线造型，题材生动且富于变化，装饰性强，整体大方而局部装饰细致入微。到了近现代，特别是近20年来，随着我国经济的发展，文化的繁荣，古典家具也随之迅猛发展。在家具风格上，现代古典家具在传承明清家具的基础上，又有了一定的发展，并形成了独具中国特色的现代中式家具，亦有学者称之为中式风格家具。

　　中国的古典家具，通过唐宋的积淀，明清的飞跃，现代的传承，成为"东方艺术的一颗明珠"。中国古典家具是我国传统造物文化的重要组成和载体，也深深影响着世界近现代的家具设计，国内外研究并出版的古典家具历史文化类、图录资料类的著作较多，而从古典家具技艺的角度出发，挖掘整理的著作少之又少。技艺——是古典家具的精髓，是原汁原味地保护发展我国古典家具的核心所在。为了更好地传承和弘扬我国古典家具文化，全面系统地介绍我国古典家具的制作技艺，提高国家文化软实力，提升民族自信，实现古典家具创造性转化、创新性发展，中国林业出版社聚集行业之力组建"中国古典家具技艺全书"编写工作组。技艺全书以制作技艺为线索，详细介绍了古典家具中的结构、造型、制作、解析、鉴赏等内容，全书共三十卷，分为榫卯构造、匠心营造、大成若缺、解析经典、美在久成这五个系列，并通过数字化手段搭建"中国古典家具技艺网"和"家具技艺APP"等。全书力求通过准确的测量、绘制、挖掘、梳理，向读者展示中国古典家具的结构美、造型美、雕刻美、装饰美、材质美。

  《大成若缺》为全书的第三个系列，共分四卷。榫卯技艺和识图要领是制作古典家具的入门。大成若缺这部分内容按照坐具、承具、庋具、卧具、杂具等类别进行研究、测量、绘制、整理，最终形成了200余款源自宋、明、清和现代这几个时期的古典家具图录，内容分为器形点评、CAD图示、用材效果、结构解析、部件详解等详细的技艺内核。这些丰富而翔实的图录将为我们研究和制作古典家具提供重要的参考。本套书中不乏有宋代、明代的经典器形，亦有清代、现代的繁琐臃肿且部分悖谬器形，故以大成若缺命名。为了将古典家具器形结构全面而准确地呈现给读者，编写人员多次走访各地实地考察、实地测绘，大家不辞辛苦，力求全面。然而，中国古典家具文化源远流长、家具技艺博大精深，要想系统、全面地挖掘，科学、完善地测量，精准、细致地绘制，是很难的。加之编写人员较多、编写经验不足等因素导致测绘不精确、绘制有误差等现象时有出现，具体体现在尺寸标注不一致、不精准，器形绘制不流畅、不细腻，技艺挖掘不系统、不全面等问题，望广大读者批评和指正，我们将在未来的修订再版中予以更正。

  最后，感谢国家新闻出版署将本项目列为"十三五"国家重点图书出版规划，感谢国家出版基金规划管理办公室对本项目的支持，感谢为全书的编撰而付出努力的每位匠人、专家、学者和绘图人员。

纪亮

2020 年 5 月

目　录

大成若缺 I（第七卷）

大成若缺 II（第八卷）

附录：图版索引

目　录

大成若缺 III（第九卷）

大成若缺 IV（第十卷）

中国古典家具营造之承具

二

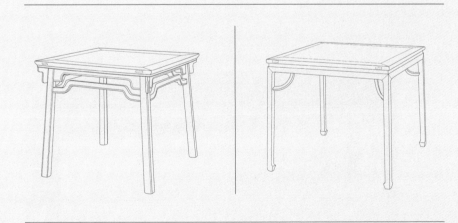

二、中国古典家具营造之承具

（一）承具概述

承具类包括桌类、案类等。

1. 桌类

桌子是使用最为广泛的家具类型之一，款式有方有圆。桌子四腿都在桌面的边角处，不缩进；桌子用途广泛，用餐、饮酒、作画、下棋、弹琴等功能都可以承载。因此，桌的造型多样，形式更丰富，装饰也多姿多彩。

1）炕桌

炕桌是矮形桌案中的一种，是配合人们在炕上使用的家具，尺寸不大，四腿较短，故又称矮桌。有一定的宽度，一般超过它本身长度的一半，多在床上或炕上使用，侧端贴近床沿或炕沿，居中摆放，以便两旁坐人。炕桌历史久远，其中，明代是炕桌的辉煌时代，其造型更加美观，式样更加丰富，用材和做工也更加讲究，是明式家具中不可忽视的一个品种。

2）方桌

方桌是使用最广泛的家具，桌面呈正方形，有的方桌也称八仙桌。尺寸略小些的叫六仙桌或四仙桌。其基本造型可分为无束腰和有束腰两种。在此基本造型的基础上做出不同的处理，例如：桌腿有方腿、圆腿，还有仿竹节腿；枨子有罗锅枨、直枨和霸王枨；足形有直足、内翻马蹄足等；枨上装饰有矮老、卡子花、牙子、绦环板等。种种变化，不一而足，十分丰富。

图 明式黄花梨竹节纹裹腿做炕桌

图 明式黄花梨霸王枨方桌

八仙桌是方桌中的典型式样，因为体量较大，每边可坐两人，一共围坐八人而得名。八仙桌造型浑厚稳重，其中较为有特色的是"一腿三牙方桌"。所谓"一腿三牙"，就是桌子的每条腿都与三个牙子相接，两个牙子靠着桌腿的两侧，另一个牙子承接桌角。八仙桌曾经几乎是每家每户必备的家具，通常摆放在厅堂的中央位置，四周配扶手椅，普通人家也有配条凳的。八仙桌是家庭活动的中心所在，宴请、待客以及日常的家庭活动都会围着其展开。明清时期的八仙桌做工考究，装饰有灵芝纹、如意纹及各种吉祥纹样。

图 明式红酸枝八仙桌

图 宋式紫檀琴桌

3）琴桌

琴桌与供桌相似，但稍矮小。它是为了置琴和弹琴而设计的。琴桌的式样较多，又多有讲究。专用的琴桌早在宋代就已经出现。《洞天清录》言："琴桌须作维摩样，庶案脚不碍人膝。连面高二尺八寸，可入膝于案下，而身向前。"宋代赵佶的《听琴图》中描绘的琴桌，其桌面平直，带有冰盘沿，下设膛肚，四腿圆材，前后腿间安装双横枨。这标志着宋代琴桌在制作上已经达到了相当高的水平。明清时期的琴桌大体沿用古制，尤其讲究以石为面，如玛瑙石、南阳石、永石等，也有采用较厚木质独板的。

4）条桌

条桌是一种桌面为长方形的桌子，桌面长宽之比多为3∶1。其基本造型分无束腰、有束腰两种。但其造型的共同特点是四腿与桌面四角基本上平齐，腿不向里缩进，这是桌子区别于案的主要特点。条桌的用途非常广泛，可以就餐，可以放置器物，也可以下棋、弹琴，还可以读书、作画。

图 清式紫檀丹凤朝阳纹展腿条桌

图 清式花梨木圆桌

5）圆桌

圆桌之名见于《鲁班经》，但明代流传下来的圆桌实物极为少见。入清之后，圆桌开始逐渐流行起来。小的为茶桌，大的为餐桌。有的圆桌的桌面之下安有一根竖腿，支撑桌面，还可以转动，又称独梃圆桌。

6）抽屉桌

抽屉桌指桌面窄长且设有抽屉的桌子。从功能上来说，它适宜作为条桌使用，并可在抽屉内存放物品。抽屉桌是清代以后流行的家具。如果形制相同，而尺寸加宽加大，北方匠师便称之为"书桌"了，这种书桌是书房里的陈设家具。

7）月牙桌

月牙桌是桌面呈月牙形的桌子，又因为它可以两个拼成一个圆桌，所以也叫"半圆桌"。它既可以两个拼在一起摆放于室内中央，又可以单独贴墙摆放，搬动起来比圆桌更方便。在式样上，四足的居多，足端或直接着地，或下承托泥。

图 清式红木嵌大理石月牙桌（拼合）

图 清式三屉大炕案

2. 案类

案类主要分为炕案、条案、架几案、书案等。

1) 炕案

炕案属于矮形案，但比炕桌窄很多，通常顺着墙壁陈设在炕的两边，上面用来摆放物品。炕案外形为案形结构，四足缩进案面，不在四角。

2) 条案

条案的长度与宽度之比要大于 3∶1，即长度是宽度的 3 倍及以上。条案案面为窄长的矩形，属于长方形的承具，与桌子的差别是腿足缩进案面安装，故一般采用插肩榫或夹头榫结构。

图 明式黄花梨平头案

图 明式紫檀带托子翘头案

图 清式紫檀外撇足翘头案

　　条案的形式，按照北方匠师的分法是：案面两端平齐的叫"平头案"，两端高起的叫"翘头案"。在平头案和翘头案之中，又各有夹头榫和插肩榫两种造法。

　　（1）平头案

　　案面平直的条案名曰"平头案"。明式家具中平头案的式样较多，造法也都很讲究，其特征就是案面平直，两端无饰。案面之下的四条腿缩进案面安装。平头案在榫卯结构、装饰、局部处理上，可以说是千变万化、千姿百态。有带管脚枨、托子、挡板、屉板等结构复杂的，也有四足落地结构较为简单的。

　　（2）翘头案

　　案面两端装有翘起的飞角，故称"翘头案"。明清时期的很多翘头案用于宗教祭祀场所，上面陈设供器；从一些绘画作品看，还有一部分翘头案用于书房陈设。翘头案腿足间大多设有挡板，并施加精美的雕刻。由于挡板用料较其他家具厚，常作镂空雕刻，故不少雕刻成为中国明清家具木雕的优秀代表。

（二）古典家具营造之承具

本节选取中国古典家具中的宋式、明式、清式、现代中式等承具代表性款式，并从器形点评、CAD 图示、用材效果、结构解析、部件详解、雕刻图版等角度进行深度梳理、解读和研究，以形成珍贵而翔实的图文资料。

主要研究的器形如下：

（1）宋式家具：宋式四面平方桌、宋式四面平带托泥条桌等；（2）明式家具：明式板足方几、明式高罗锅枨小酒桌等；（3）清式家具：清式博古纹条几、清式拐子纹方桌等；（4）现代中式家具：现代中式格子餐桌、现代中式金玉满堂圆桌五件套等。图示资料详见 P10 ～ 260。

说明：在承具的测量和绘制过程中存在少量国标允许的误差。

承具图版

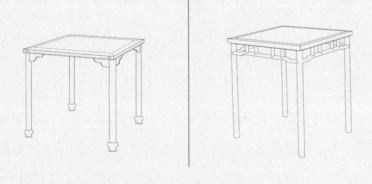

宋式四面平方桌

材质：黄花梨

丰款：宋代

外观效果图（图示1）

1. 器形点评

此四面平方桌的原型出自宋代绘画《戏猫图》。此桌为四面平结构，桌面镶嵌大理石，下接壶门牙板。四腿为方材，与壶门牙板以格角榫相接，腿中部出云纹翅，足端雕成内翻马蹄足。

注：全书计量单位为毫米（mm）。

2. CAD 图示

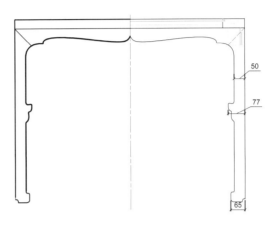

主视图　　　　　　　　　　左视图

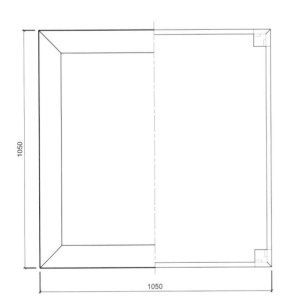

俯视图

3. 用材效果

外观效果图（材质：黄花梨；图示 5）

外观效果图（材质：紫檀；图示 6）

外观效果图（材质：酸枝；图示 7）

注：①黄花梨，指海南黄花梨；②紫檀，指小叶紫檀；③酸枝，指红酸枝。下同。

4. 结构解析

桌面

壶门牙板

云纹翅

内翻马蹄足

整体结构图（图示 8）

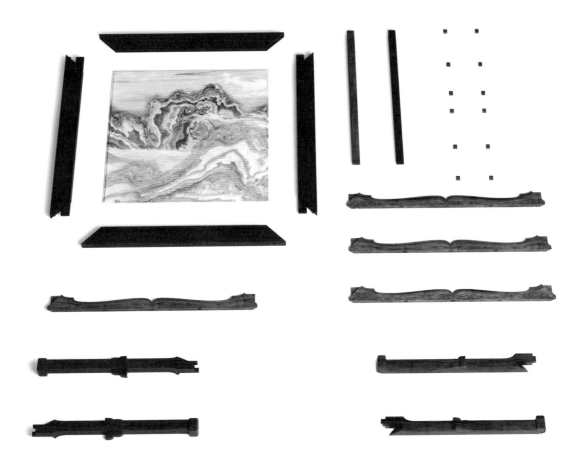

部件结构图（图示 9）

5. 部件详解

大成

大边

面心

抹头

穿带

桌面分解图（图示10）

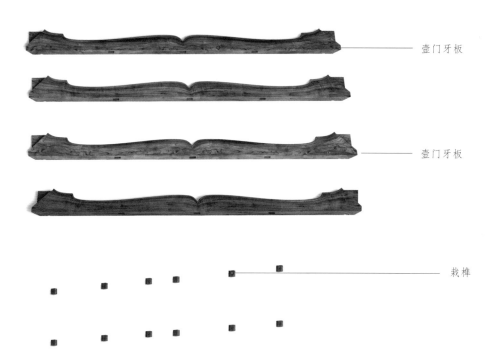

壶门牙板

壶门牙板

栽榫

牙板分解图（图示 11）

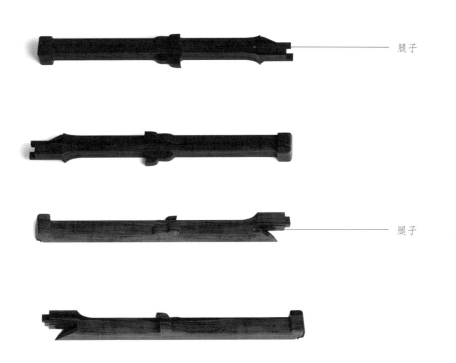

腿子

腿子

腿足分解图（图示 12）

宋式四面平带托泥条桌

材质：黄花梨

丰款：宋代

外观效果图（图示1）

1. 器形点评

此四面平带托泥条桌的原型出自宋代绘画作品《盥手观花图》。此条桌线条优美，简洁大方，不落俗套。四足带内翻如意云纹足，整体有一种轻盈之美。

2. CAD 图示

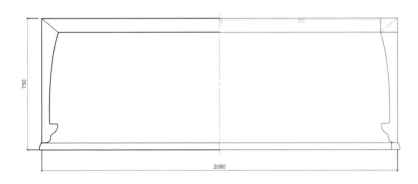

主视图

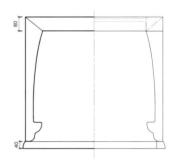

左视图

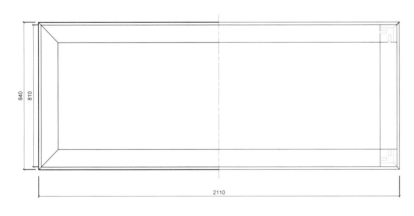

俯视图

CAD 结构图（图示 2 ~ 4）

3. 用材效果

外观效果图（材质：黄花梨；图示 5）

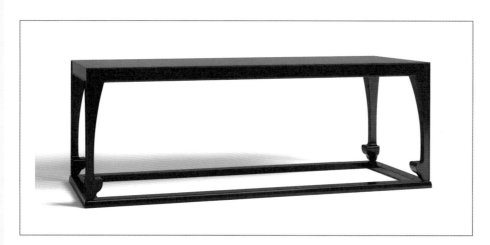

外观效果图（材质：紫檀；图示 6）

外观效果图（材质：酸枝；图示 7）

4. 结构解析

桌面

腿子

如意云纹足

托泥

整体结构图（图示 8）

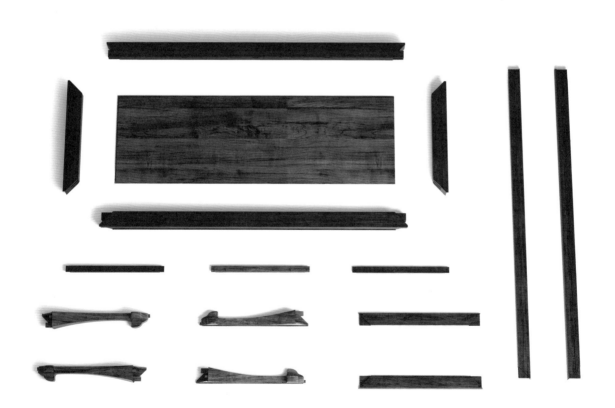

部件结构图（图示 9）

5. 部件详解

大边

面心

抹头

穿带

桌面分解图（图示10）

托泥大边

托泥抹头

腿子

承具·宋代

腿足和托泥分解图（图示11）

21

宋式嵌大理石画桌

材质：黄花梨

丰款：宋代

外观效果图（图示1）

1. 器形点评

此嵌大理石画桌的原型出自宋代绘画《十八学士图》。此画桌为四面平框架结构，面板镶嵌大理石，四足垂直落地，内翻如意云纹足。整体美观大方，简洁明快，挺拔秀气。

2. CAD 图示

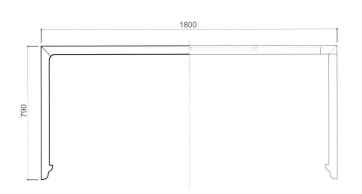

1800

790

主视图

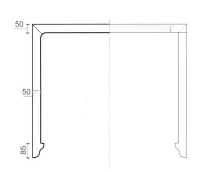

50

50

85

左视图

宋

100

950

100

俯视图

3. 用材效果

外观效果图（材质：黄花梨；图示 5）

外观效果图（材质：紫檀；图示 6）

外观效果图（材质：酸枝；图示 7）

4. 结构解析

桌面

腿子

如意足

整体结构图（图示 8）

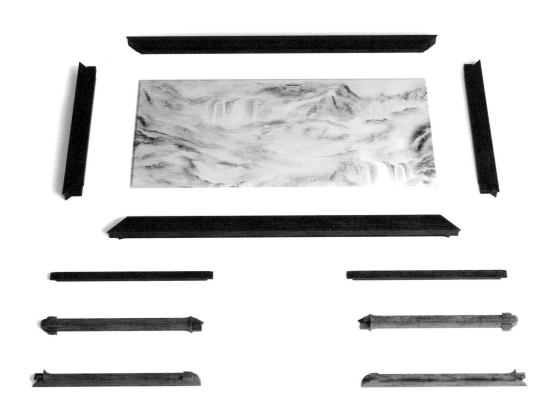

部件结构图（图示 9）

承具·宋代

25

5. 部件详解

大成

抹头

面心

大边

穿带

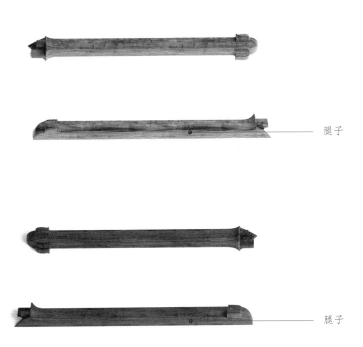

腿子

腿子

宋式琴桌

材质：黄花梨

丰款：宋代

外观效果图（图示1）

1. 器形点评

此琴桌的原型出自宋代绘画《听琴图》。此琴桌的桌面平直，带有冰盘沿，桌面下设有膛肚，膛肚下有窄牙板，牙头回勾。四腿为圆材，前后腿间安装双枨。整体美观大方，不落俗套。

2. CAD 图示

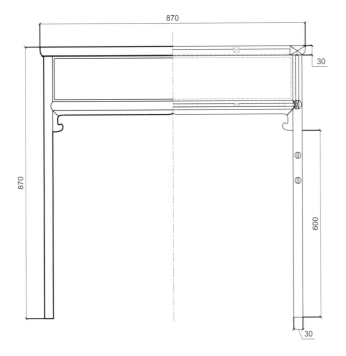

主视图

左视图

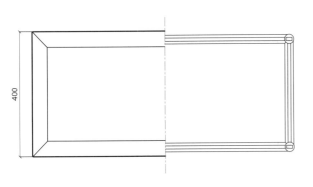

俯视图

CAD 结构图（图示 2 ~ 4）

3. 用材效果

外观效果图（材质：黄花梨；图示 5）

外观效果图（材质：紫檀；图示 6）

外观效果图（材质：酸枝；图示 7）

4. 结构解析

桌面

膛肚

牙头

横枨

腿子

整体结构图（图示 8）

宋

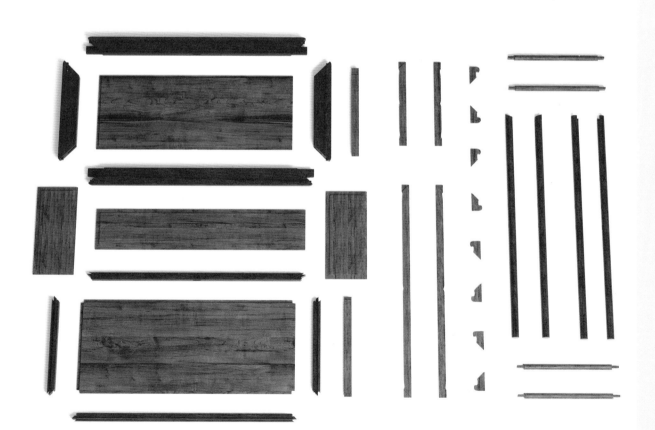

部件结构图（图示 9）

5. 部件详解

大边

面心

抹头

穿带

桌面分解图（图示10）

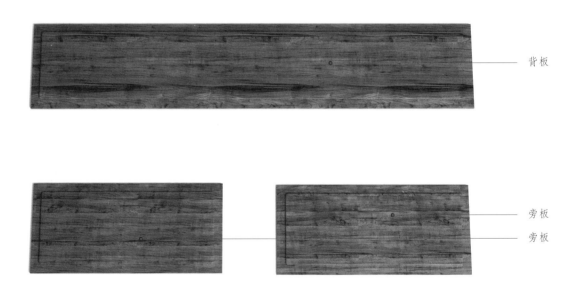

背板

旁板

旁板

膛肚分解图（图示11）

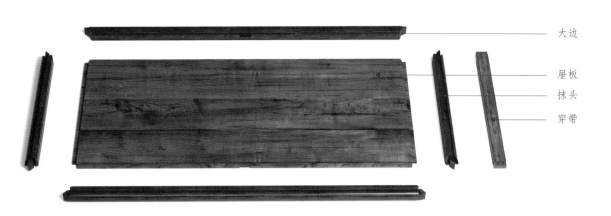

大边

屉板

抹头

穿带

屉板分解图（图示 12）

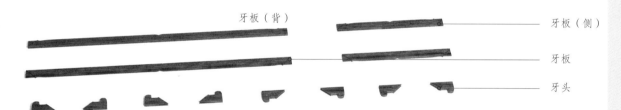

牙板（背）

牙板（侧）

牙板

牙头

牙板和牙头分解图（图示 13）

前腿

横枨

后腿

腿足和枨子分解图（图示 14）

承具·宋代

宋式壶门牙板带托泥茶会桌

材质：黄花梨

年款：宋代

外观效果图（图示1）

1. 器形点评

此茶会桌的原型出自宋代绘画作品《文会图》。此桌为框架结构，四面平式。桌面之下在每面五条腿之间安装壶门牙板，与桌腿交圈，线条流畅。腿下端做出延伸出来的勾云蹚足，下接托泥，托泥下又垫龟足。

2. CAD 图示

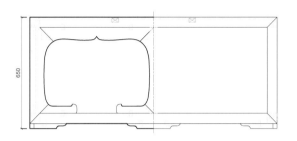

主视图

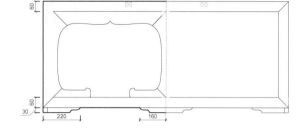

左视图

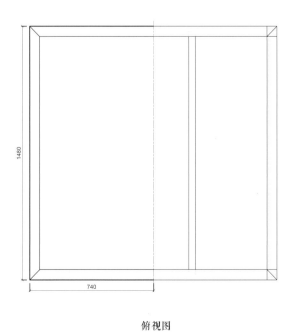

俯视图

注：茶会桌为四件一组，因制式相同，故只绘制 1 件。

3. 用材效果

外观效果图（材质：黄花梨；图示 5 ）

外观效果图（材质：紫檀；图示 6 ）

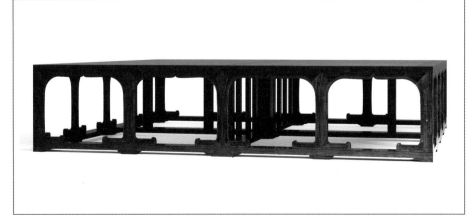

外观效果图（材质：酸枝；图示 7 ）

4. 结构解析

整体结构图（图示 8 ）

牙板

腿子

勾云膛足

主视图

立柱

左视图

腿子

勾云膛足

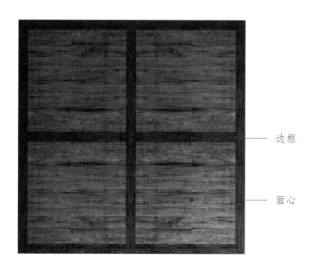

俯视图

边框

面心

三视结构图（图示 9 ~ 11 ）

37

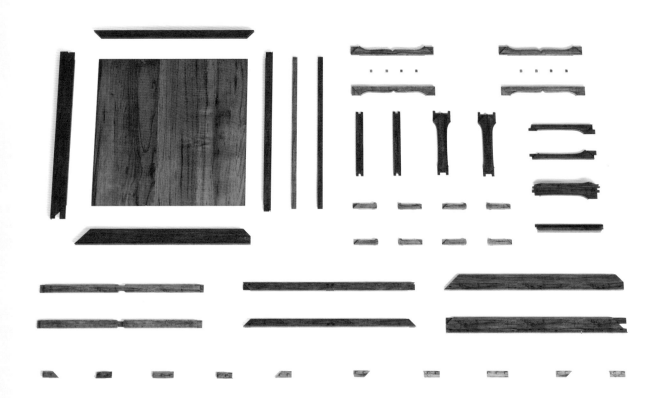

部件结构图（图示 12）

注：部件结构以 1 件茶会桌力例。

5. 部件详解

穿带

大边

面心

抹头

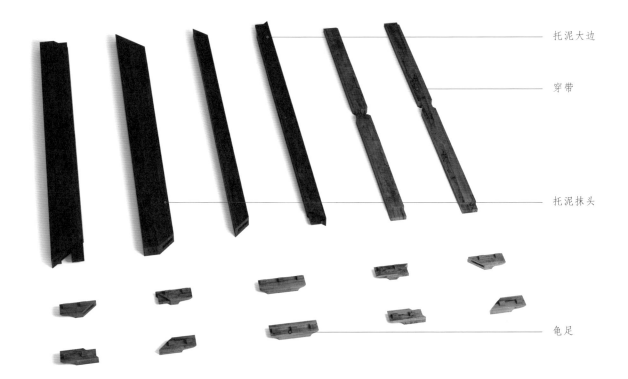

托泥大边

穿带

托泥抹头

龟足

大成若缺

底部分解图（图示 14）

栽榫

牙板

栽榫和牙板分解图（图示 15）

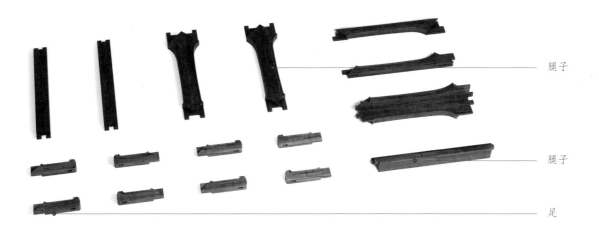

腿子

腿子

足

腿足分解图（图示 16）

承具·宋代

41

明式板足炕几

材质：黄花梨

丰款：明代

外观效果图（图示1）

1. 器形点评

此炕几面沿圆润，其上装饰扯不断纹，延伸至足端。几面与板足相交处饰以云纹角牙。两侧板足微向外撇，与面板形成的角度大于直角。板足中部有方形开光，用透雕和浮雕相结合的方法刻出束绦纹、云头纹、万字纹等纹饰，足底内卷。

2. CAD 图示

主视图

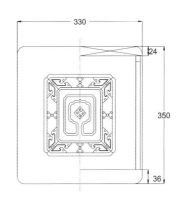

左视图

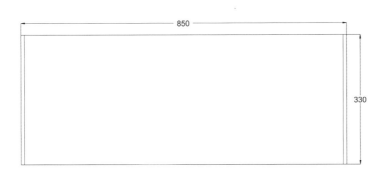

俯视图

CAD 结构图（图示 2 ~ 4）

3. 用材效果

外观效果图（材质：黄花梨；图示 5 ）

外观效果图（材质：紫檀；图示 6 ）

外观效果图（材质：酸枝；图示 7 ）

4. 结构解析

几面

板足

方开光

卷书式足

整体结构图（图示 8）

几面
角牙
板条（垛边）
卷书式足

主视图

板足
开光

左视图

几面（独板）

俯视图

三视结构图（图示 9 ~ 11）

明式高罗锅枨小酒桌

材质：黄花梨

年款：明代

外观效果图（图示1）

1. 器形点评

　　此酒桌为案形结构，桌面下安高拱罗锅枨，紧抵桌面，形成一条极窄的牙板，牙头处则落堂镶板。两侧腿间装单横枨，圆腿直足，侧腿收分。此酒桌实物原型在北京故宫博物院，属于清宫旧藏。

2. CAD 图示

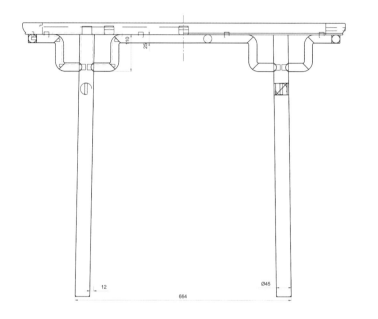

主视图

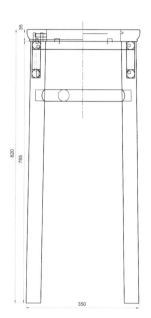

左视图

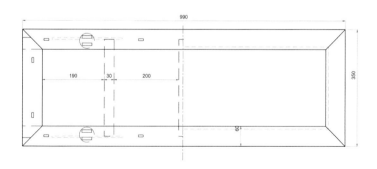

俯视图

CAD 结构图（图示 2 ～ 4）

3. 用材效果

外观效果图（材质：黄花梨；图示 5）

外观效果图（材质：紫檀；图示 6）

外观效果图（材质：酸枝；图示 7）

大成若缺

4. 结构解析

桌面
牙头
罗锅枨
横枨

腿子

整体结构图（图示 8）

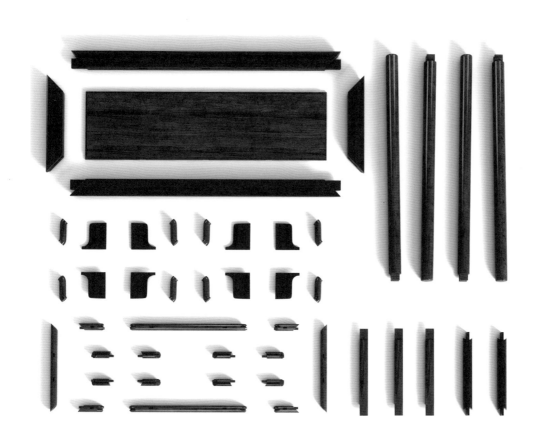

部件结构图（图示 9）

5. 部件详解

抹头

大边

面心

穿带

桌面分解图（图示10）

罗锅枨（拐角处）
罗锅枨（拐角处）
罗锅枨（拐角处）
罗锅枨（拐角处）

罗锅枨（桌面侧面下）
罗锅枨（高拱处）

罗锅枨分解图（图示 11）

牙头
牙头

牙头分解图（图示 12）

横枨

腿子

腿子

腿足和横枨分解图（图示 13）

明式翘头小酒桌

材质：黄花梨

丰款：明代

外观效果图（图示1）

1. 器形点评

此酒桌呈翘头案样式，小巧精致。案面平直，两端安翘头，吊头下装有挂牙。案面下有两屉，屉脸装有黄铜拉手。四腿笔直，略有挓度。四腿上端之间装有刀牙板。整器无雕刻，素净优雅，端庄大气。

2. CAD 图示

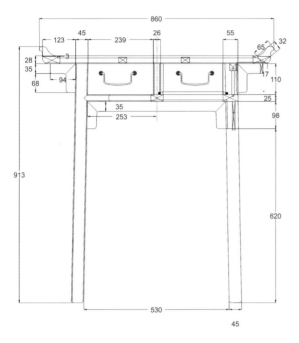

主视图

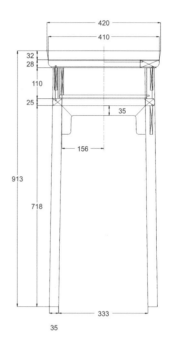

左视图

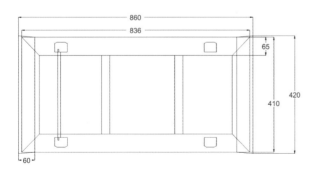

俯视图

承具·明代

3. 用材效果

外观效果图（材质：黄花梨；图示 5）

外观效果图（材质：紫檀；图示 6）

外观效果图（材质：酸枝；图示 7）

4. 结构解析

翘头
挂牙
抽屉
牙板
牙头

腿子

整体结构图（图示 8）

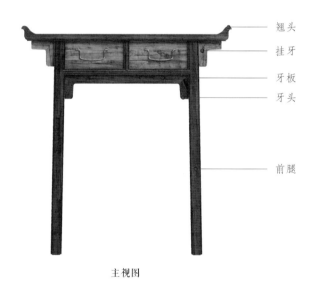

翘头
挂牙
牙板
牙头

前腿

主视图

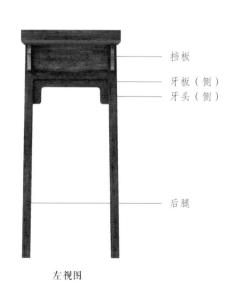

挡板
牙板（侧）
牙头（侧）

后腿

左视图

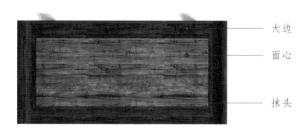

大边
面心

抹头

俯视图

三视结构图（图示 9 ~ 11）

明式霸王枨方桌

材质：黄花梨

年款：明代

外观效果图（图示1）

1. 器形点评

此桌桌面方正平直，向外探出，形成喷面，攒框装板而成。桌面下腿内侧安装霸王枨。牙板牙头分做，以45度格角榫相接。四腿为圆材，直落到地，略有挓度。此桌结构简洁凝练，尽显纯朴秀雅的风格。此桌实物原型在北京故宫博物院，属于清宫旧藏。

2. CAD 图示

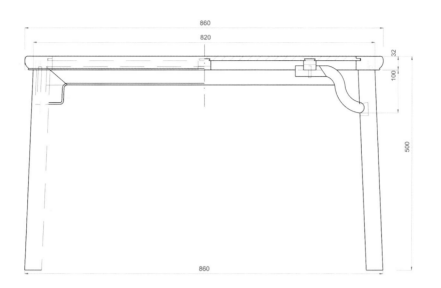

主视图

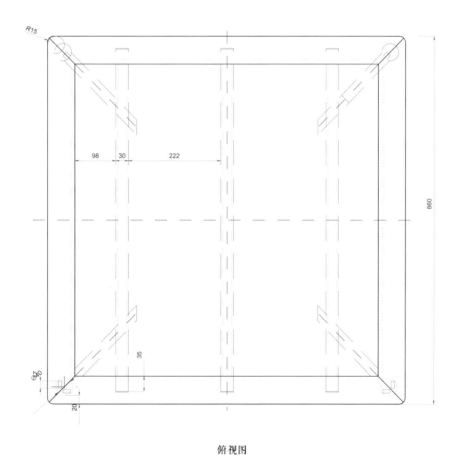

俯视图

CAD 结构图（图示 2 ~ 3）

注：左视结构同主视结构，故省略左视图。

3. 用材效果

外观效果图（材质：黄花梨；图示 4）

外观效果图（材质：紫檀；图示 5）

外观效果图（材质：酸枝；图示 6）

4. 结构解析

桌面
冰盘沿
牙板
霸王枨

腿子

整体结构图（图示7）

明

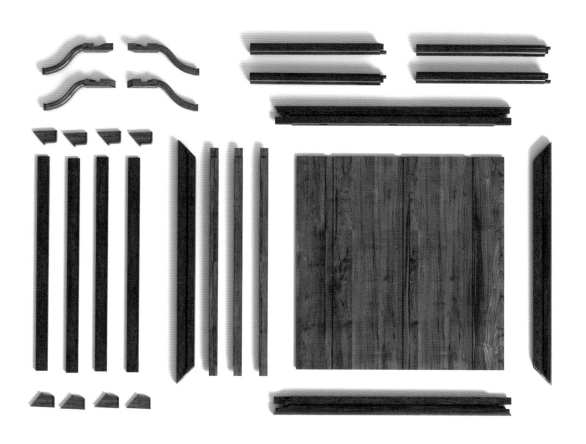

部件结构图（图示8）

大成若缺

抹头

大边

面心

穿带

桌面分解图（图示 9）

霸王枨

腿子

腿足和霸王枨分解图（图示 10）

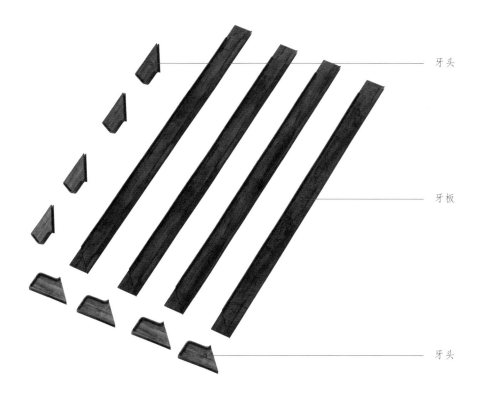

牙头

牙板

牙头

牙板和牙头分解图（图示 11）

明式勾云纹方桌

材质：黄花梨

丰款：明代

外观效果图（图示1）

1. 器形点评

    此桌桌面沿下垛边一层，形成双混面。桌面下裹腿横枨与面沿间镶绦环板，横枨与腿间安两卷相抵的托角牙子。四腿为圆材，直落到地，略有挓度。垛边和裹腿做是明式家具上常见的装饰手法，为仿竹节样式，颇具雅趣。此桌实物原型在北京故宫博物院，属于清宫旧藏。

2. CAD 图示

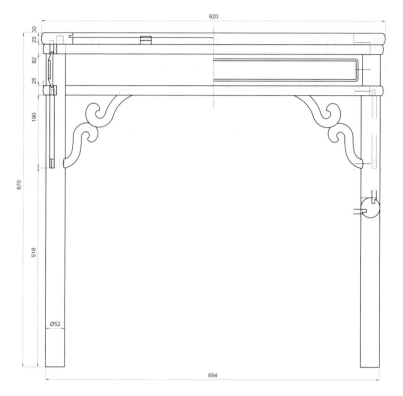

主视图

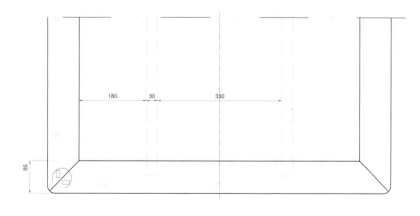

俯视图

CAD 结构图（图示 2 ~ 3）

注：左视结构同主视结构，故省略左视图；俯视图采用轴对称画法，并省略了对称的部分。

3. 用材效果

外观效果图（材质：黄花梨；图示 4）

外观效果图（材质：紫檀；图示 5）

外观效果图（材质：酸枝；图示 6）

4. 结构解析

桌面
垛边木条
绦环板
裹腿横枨
托角牙子

腿子

整体结构图（图示 7）

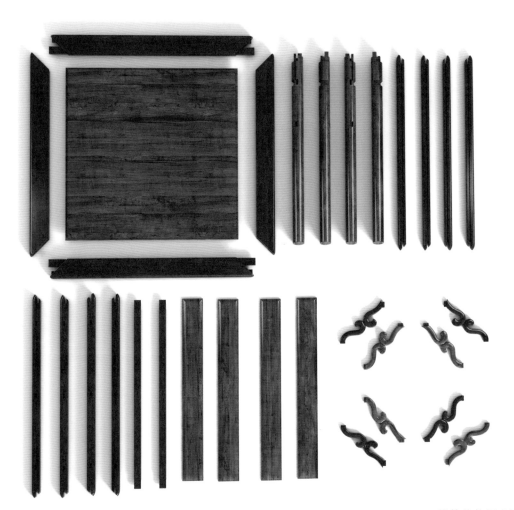

部件结构图（图示 8）

承具·明代

5. 部件详解

抹头

大边

面心

穿带

桌面分解图（图示 9）

托角牙子

托角牙子分解图（图示 10）

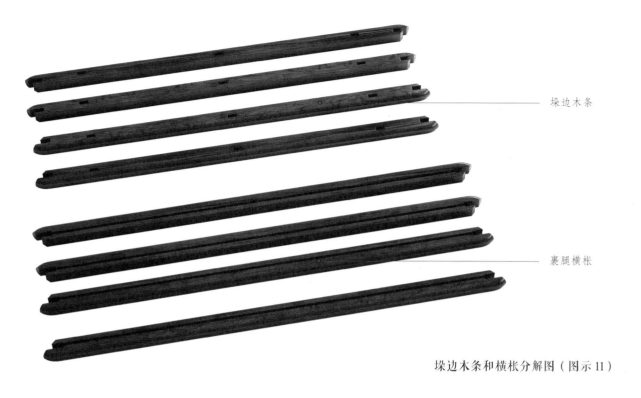

垛边木条

裹腿横枨

垛边木条和横枨分解图（图示 11）

绦环板

绦环板分解图（图示 12）

腿子

腿子分解图（图示 13）

明式罗锅枨方桌

材质：黄花梨

年款：明代

外观效果图（图示1）

1. 器形点评

此桌桌面方正平直，边沿为冰盘沿，下有束腰。腿间置罗锅枨，腿内侧及牙板边沿起阳线，足端内翻。此桌结构简洁凝练，不加繁缛的雕饰，尽显结构之美。此桌实物原型在北京故宫博物院，属于清宫旧藏。

2. CAD 图示

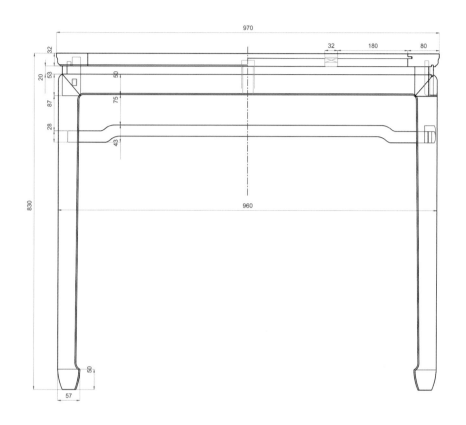

主视图

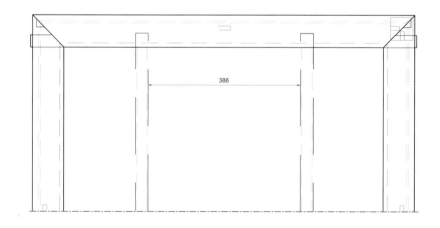

剖视图

CAD 结构图（图示 2 ~ 3）

注：左视结构同主视结构，故省略左视图；俯视图采用轴对称画法，并省略了对称的部分。

3. 用材效果

外观效果图（材质：黄花梨；图示 4）

外观效果图（材质：紫檀；图示 5）

外观效果图（材质：酸枝；图示 6）

4. 结构解析

桌面
束腰
罗锅枨
腿子

整体结构图（图示 7）

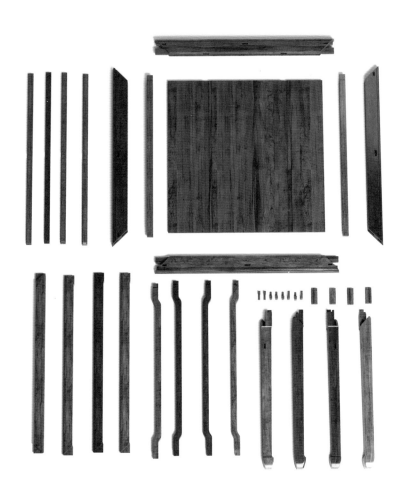

部件结构图（图示 8）

5. 部件详解

穿带

大边

面心

抹头

桌面分解图（图示 9）

束腰

牙板

罗锅枨

挂榫

束腰、牙板和枨子分解图（图示 10）

挂榫

腿子

腿足和挂榫分解图（图示 11）

明式绦环板开光条桌

材质：黄花梨

丰款：明代

外观效果图（图示1）

1. 器形点评

此桌桌面边沿下加垛边一层，垛边木条劈料做。其下的枨子亦为裹腿双劈料，长枨与桌面等长，短枨与桌面等宽，长短枨裹腿相交，把四条桌腿包裹在里面，俗称"裹腿做"。枨上有矮老，将枨子与桌面间的空间分隔成几个矩形空格，镶以绦环板，板上开"炮仗洞"。圆柱形腿，微带侧脚。此桌无多余雕饰，充分体现了明式家具的明快、俊美之风格。

2. CAD 图示

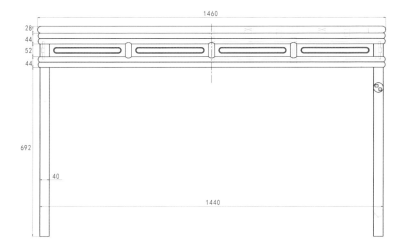

主视图

左视图

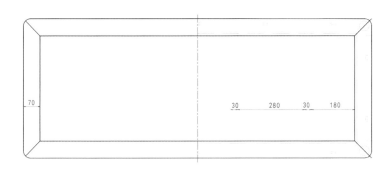

俯视图

细节图

CAD 结构图（图示 2 ~ 5）

3. 用材效果

外观效果图（材质：黄花梨；图示 6）

外观效果图（材质：紫檀；图示 7）

外观效果图（材质：酸枝；图示 8）

4. 结构解析

桌面
垛边木条
绦环板
裹腿枨

腿子

整体结构图（图示 9）

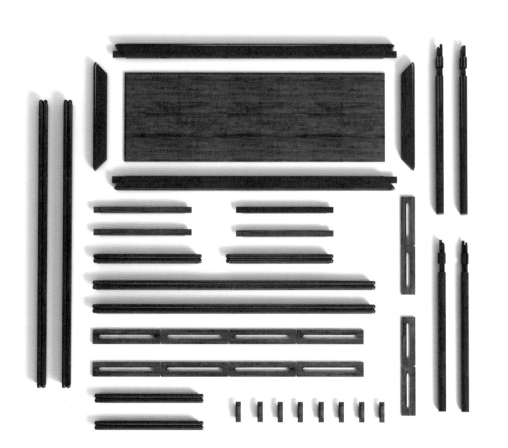

部件结构图（图示 10）

5. 部件详解

大成若缺

抹头

大边

面心

穿带

桌面分解图（图示11）

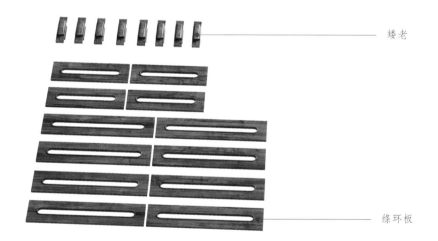

横枨

垛边木条

垛边木条（侧）

横枨（侧）

横枨和垛边木条分解图（图示 12）

矮老

绦环板

矮老和绦环板分解图（图示 13）

腿子

腿足分解图（图示 14）

明式云纹条桌

材质：黄花梨

丰款：明代

外观效果图（图示1）

1. 器形点评

此桌桌面呈长方形，面下有束腰（束腰雕刻见 CAD 图示）。牙板正中垂洼堂肚，雕卷云纹，另加的角牙轮廓雕出勾云纹。腿方直，内翻方马蹄，足端饰回纹。此桌实物原型在北京故宫博物院，属于清宫旧藏。

2. CAD 图示

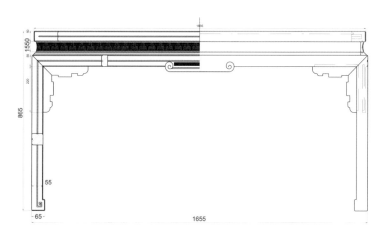

主视图

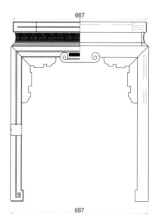

左视图

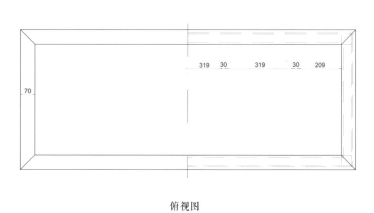

俯视图

CAD 结构图（图示 2 ~ 4）

3. 用材效果

外观效果图（材质：黄花梨；图示 5）

外观效果图（材质：紫檀；图示 6）

外观效果图（材质：酸枝；图示 7）

4. 结构解析

束腰
洼堂肚牙板
角牙

内翻马蹄足

整体结构图（图示 8）

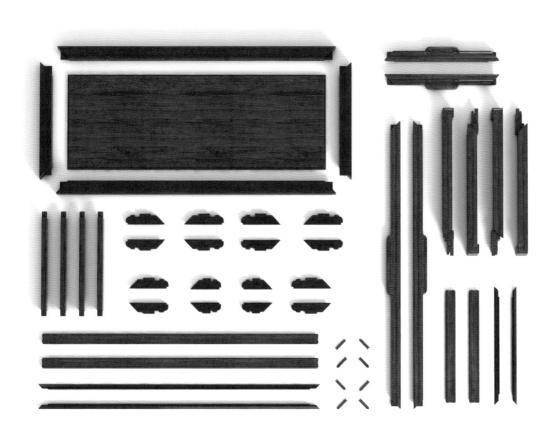

部件结构图（图示 9）

5. 部件详解

大成若缺

抹头

面心

大边

穿带

桌面分解图（图示10）

束腰（侧）

托腮（侧）

托腮

束腰

束腰和托腮分解图（图示 11）

牙板

牙板（侧）

穿榫

牙板和穿榫分解图（图示 12）

角牙

角牙分解图（图示 13）

腿子

腿足分解图（图示 14）

明式回纹平头案

材质：黄花梨

年款：明代

外观效果图（图示1）

1. 器形点评

此平头案案面厚实，面心为独板，案面边沿浮雕回纹。案面下接直牙板，牙板光素，牙头上浮雕回纹。腿方直，面上浮雕回纹。前后腿间有管脚枨相连，管脚枨下承托子。前后腿足间安横枨，横枨上下分别安方形圈口。此案实物原型在北京故宫博物院，属于清宫旧藏。

2. CAD 图示

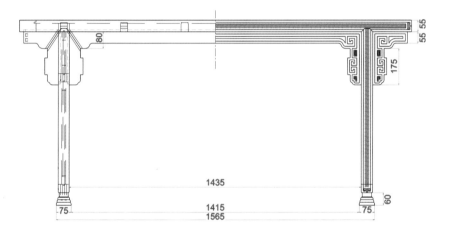

主视图

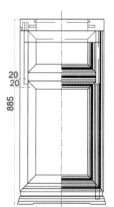

左视图

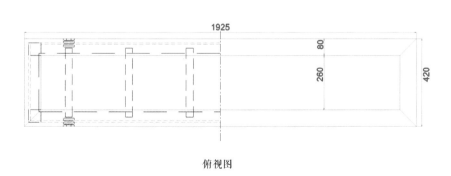

俯视图

CAD 结构图（图示 2 ~ 4）

3. 用材效果

外观效果图（材质：黄花梨；图示 5）

外观效果图（材质：紫檀；图示 6）

外观效果图（材质：酸枝；图示 7）

4. 结构解析

边框
牙板

圈口

托子

整体结构图（图示 8）

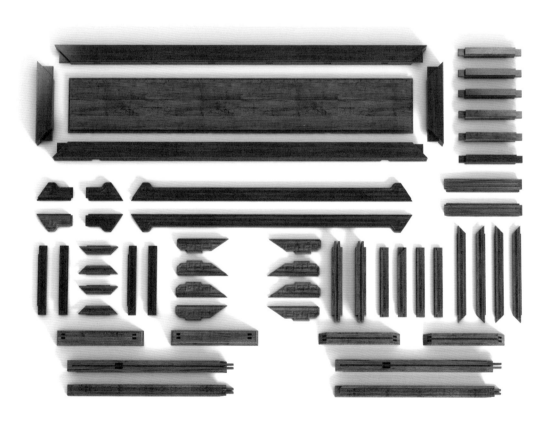

部件结构图（图示 9）

5. 部件详解

大成若缺

抹头

大边

穿带

面心

案面分解图（图示 10）

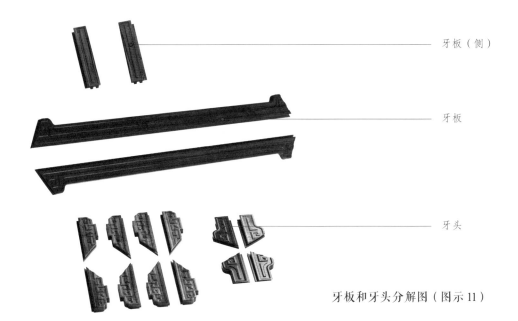

牙板（侧）

牙板

牙头

牙板和牙头分解图（图示 11）

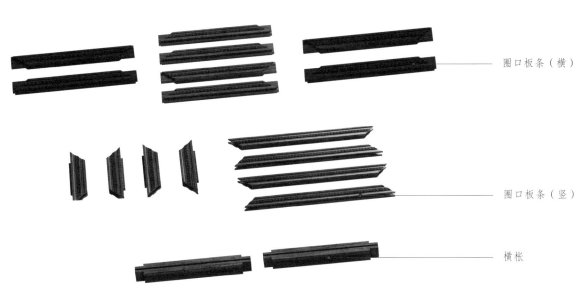

圈口板条（横）

圈口板条（竖）

横枨

圈口和横枨分解图（图示 12）

腿子

管脚枨

托子

腿足、管脚枨和托子分解图（图示 13）

明式素面平头案

材质：黄花梨

丰款：明代

外观效果图（图示1）

1. 器形点评

此案案面平直，边沿起拦水线。案面与腿以夹头榫相接，案面下装素牙板。四腿为方材，腿间起"两柱香"线脚，足下有托子。前后腿间装有圆角长方形圈口。整器光洁素雅，造型经典，稳重大方。

2. CAD 图示

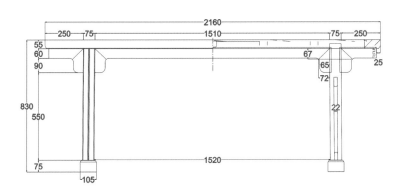

主视图

左视图

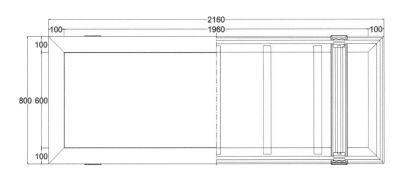

俯视图

CAD 结构图（图示 2 ～ 4）

3. 用材效果

外观效果图（材质：黄花梨；图示 5）

外观效果图（材质：紫檀；图示 6）

外观效果图（材质：酸枝；图示 7）

4. 结构解析

案面

牙板

腿子

托子

整体结构图（图示 8）

牙板
牙头

腿子

托子

主视图

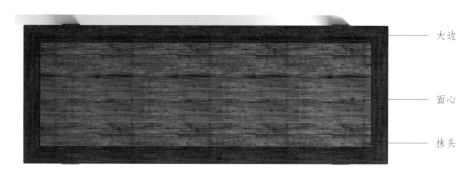

大边

面心

抹头

俯视图

三视结构图（图示 9 ~ 10）

注：左视结构简单，故省略左视图。

明式翘头案

材质：黄花梨

丰款：明代

外观效果图（图示1）

1. 器形点评

　　此案案面狭长，攒边打槽装板而成，面心为独板，两端安有翘头，与抹头一木连做。牙板与牙头分做，牙板平直光素，牙头雕卷云纹。四腿微向外撇，腿子中间起"三炷香"线脚，两边起阳线。两侧腿间镶挡板，挡板上有壶门曲线开光，开光中雕相对的螭龙纹（螭龙纹雕刻见 CAD 图示）。足下承托子，托子下又承龟足。此案实物原型在北京故宫博物院，属于清宫旧藏。

2. CAD 图示

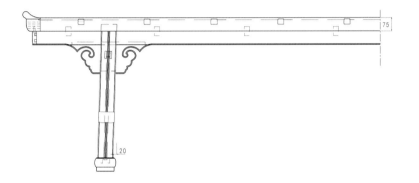

主视图

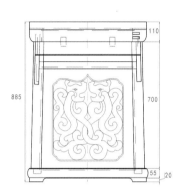

左视图

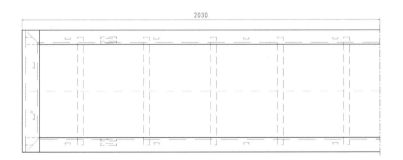

俯视图

注：主视图和俯视图采用轴对称画法，并省略了对称的部分。

3. 用材效果

外观效果图（材质：黄花梨；图示 5 ）

外观效果图（材质：紫檀；图示 6 ）

外观效果图（材质：酸枝；图示 7 ）

4. 结构解析

翘头
牙板
牙头
挡板
腿子
托子

整体结构图（图示 8）

部件结构图（图示 9）

承具·明代

99

5. 部件详解

面心

大边

穿带

翘头（抹头）

案面分解图（图示 10）

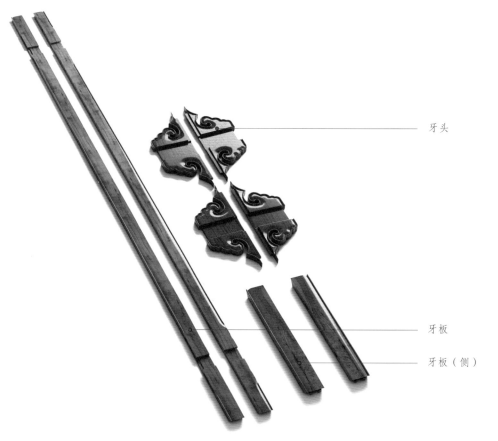

牙头

牙板

牙板（侧）

牙板与牙头分解图（图示 11）

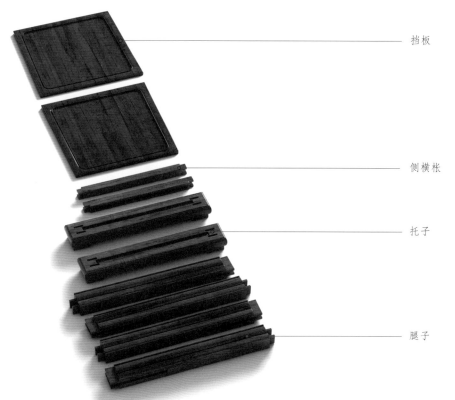

挡板

侧横枨

托子

腿子

腿足和其他分解图（图示 12）

明式螭龙捧寿翘头案

材质：黄花梨

年款：明代

外观效果图（图示1）

1. 器形点评

此案案面窄长，面心为独板，两端翘起。面下安洼堂肚牙板，牙板中间雕刻螭龙捧寿纹，牙头雕刻回首相对的螭龙纹（雕刻见 CAD 图示）。腿与牙板、案面以夹头榫接合，方材直腿，略向外撇，侧脚收分。前后腿间安委角正方形圈口，其上为开海棠形透光的绦纹板，锼出如意云头。此案实物原型在北京故宫博物院，属于清宫旧藏。

2. CAD 图示

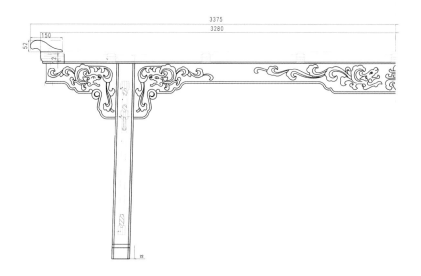

主视图

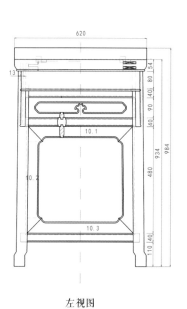

左视图

俯视图

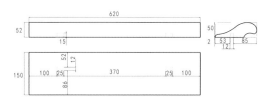

细节图（翘头三视图）

注：三视图采用轴对称画法，主视图和俯视图省略了对称的部分。

3. 用材效果

外观效果图（材质：黄花梨；图示 6）

外观效果图（材质：紫檀；图示 7）

外观效果图（材质：酸枝；图示 8）

4.结构解析

翘头
牙板
牙头

腿子

圈口

整体结构图（图示 9）

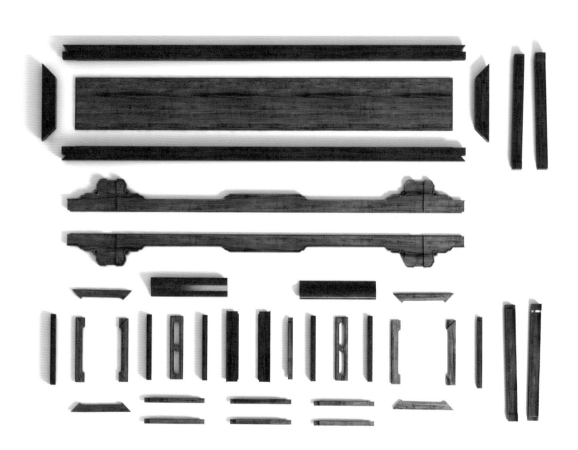

部件结构图（图示 10）

5. 部件详解

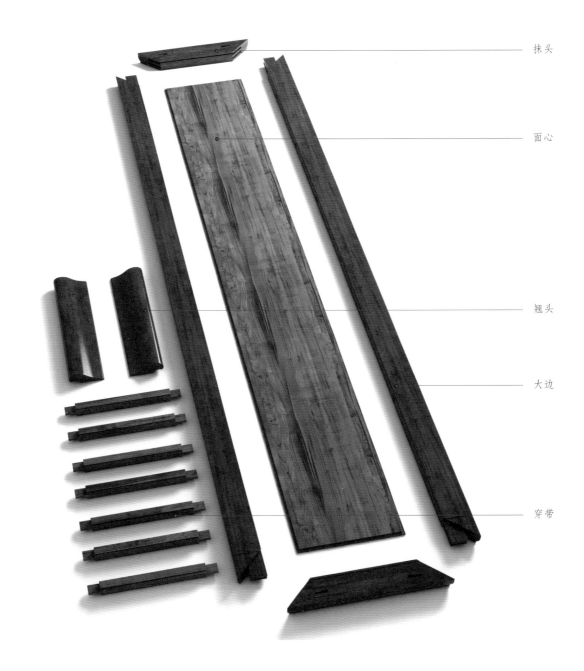

抹头

面心

翘头

大边

穿带

案面分解图（图示11）

大成若缺

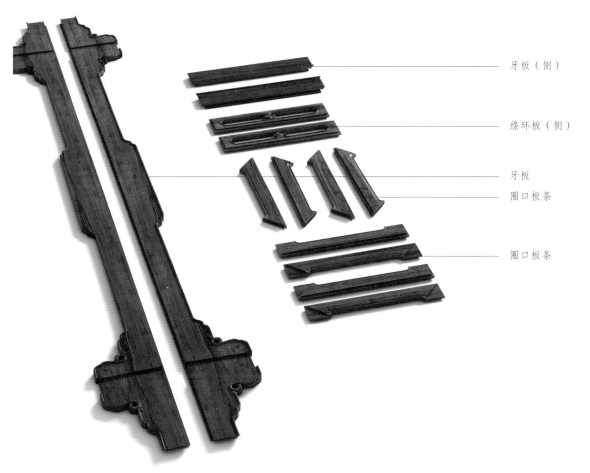

牙板（侧）

绦环板（侧）

牙板
圈口板条

圈口板条

牙板、绦环板和圈口分解图（图示 12）

腿足

管脚枨

横枨

腿足和横枨分解图（图示 13）

明式卷云纹翘头案

材质：黄花梨

丰款：明代

外观效果图（图示1）

1. 器形点评

此案是较为经典的翘头案样式，无束腰，案面光滑无雕饰，两端上翘。此案由海南黄花梨制作而成，材质细腻，纹理绚丽。两侧的案腿之间装有两根横枨。案腿间装有牙板，牙板边沿浮雕卷云纹。四条腿外撇，形成侧脚。

2. CAD 图示

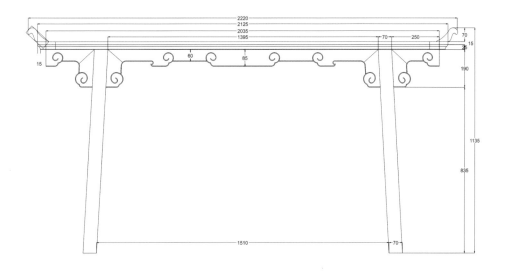

主视图

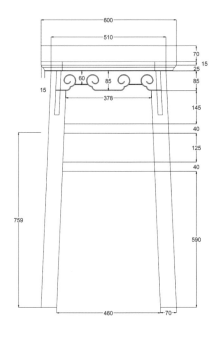

左视图

CAD 结构图（图示 2 ~ 3）

注：俯视结构简单，故省略俯视图。

3. 用材效果

外观效果图（材质：黄花梨；图示4）

外观效果图（材质：紫檀；图示5）

外观效果图（材质：酸枝；图示6）

4. 结构解析

翘头
牙头
横枨
腿子

整体结构图（图示 7）

翘头
牙板
牙头

前腿

主视图

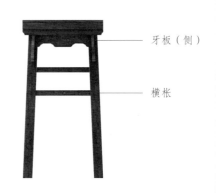

牙板（侧）

横枨

左视图

大边
面心
抹头

俯视图

三视结构图（图示 8 ~ 10）

清式博古纹条几

材质：黄花梨

年款：清代

外观效果图（图示1）

1. 器形点评

此条几整体较方正，几面与板足直角相接，呈四面平式。两侧板足上有圆形开光，其中雕不同的博古纹，足端回勾，略呈卷书式。几面下有两具抽屉，屉脸上雕暗八仙纹，装有黄铜吊牌，四周装饰以蝙蝠纹。腿内侧和抽屉相连处装饰有长牙头，牙头上雕仙桃等纹样。

2. CAD 图示

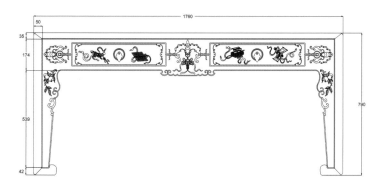

主视图

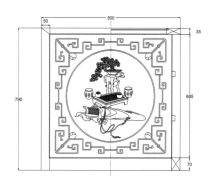

左视图

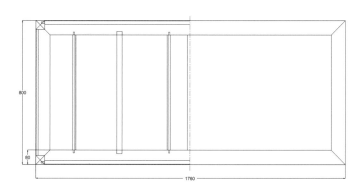

俯视图

CAD 结构图（图示 2 ~ 4）

3. 用材效果

外观效果图（材质：黄花梨；图示 5）

外观效果图（材质：紫檀；图示 6）

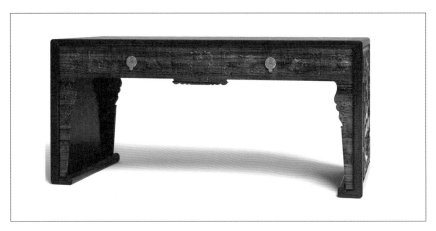

外观效果图（材质：酸枝；图示 7）

4. 结构解析

几面

吊牌

牙头

整体结构图（图示 8）

几面
抽屉

牙头
板足

主视图

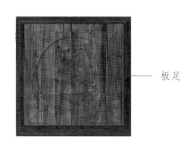

板足

左视图

大边

抹头
面心

俯视图

三视结构图（图示 9 ~ 11）

5. 雕刻图版

※ 清式博古纹条几雕刻技艺图

序号	名称	雕刻技艺图	应用部位
1	博古纹、回纹	 	板足
2	卷草纹、仙桃纹	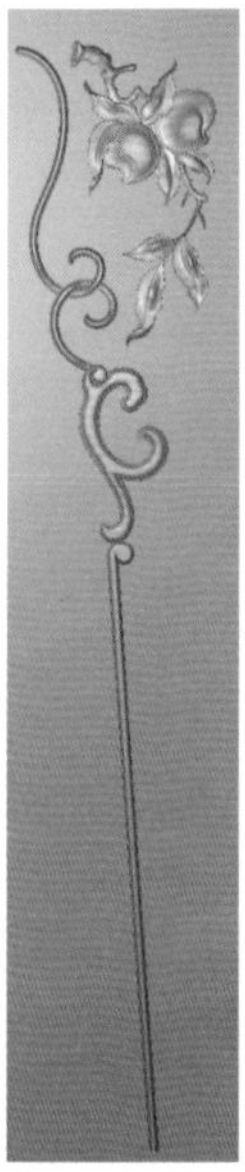	牙头
3	暗八仙纹、蝙蝠纹		抽屉脸

雕刻技艺图（图示 12 ～ 15）

清式拐子纹方桌

材质：黄花梨

年款：清代

1. 器形点评

    此桌桌面为正方形，桌面下有束腰。束腰下有浮雕拐子龙纹的直牙板，其下又安透雕拐子龙纹花牙，中间雕有团寿纹。方材直腿，足端内翻，并雕有螭龙纹及卷云纹。

2. CAD 图示

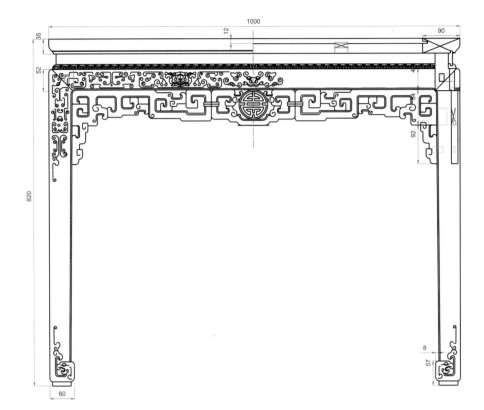

主视图

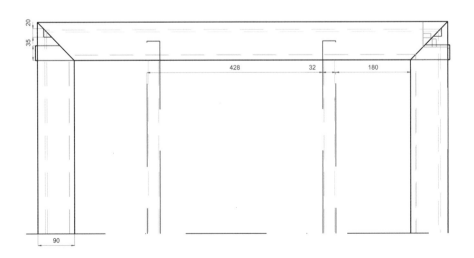

剖视图

CAD 结构图（图示 2 ~ 3）

注：左视结构简单，故省略左视图；俯视图采用轴对称画法，并省略了对称的部分。

3. 用材效果

外观效果图（材质：黄花梨；图示 4）

外观效果图（材质：紫檀；图示 5）

外观效果图（材质：酸枝；图示 6）

4. 结构解析

束腰

雕花牙条

内翻马蹄足

整体结构图（图示 7）

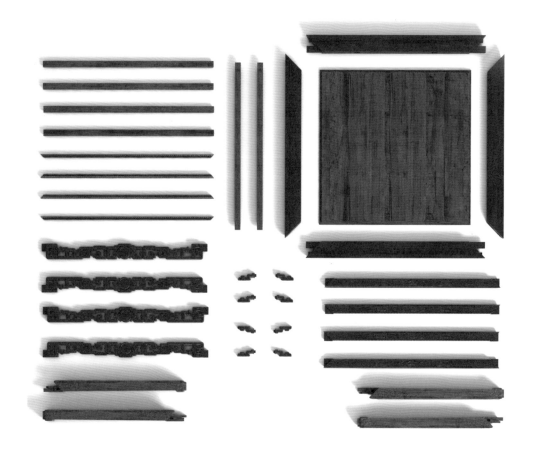

部件结构图（图示 8）

5. 部件详解

大边

面心

抹头

穿带

桌面分解图（图示 9）

束腰

牙板

托腮

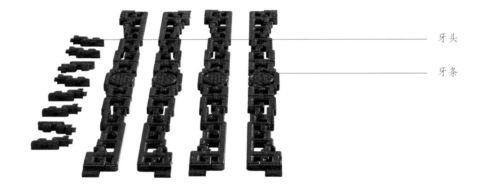

牙头

牙条

牙子与束腰分解图（图示10）

腿子

腿足分解图（图示11）

清式琴棋书画方桌

材质：黄花梨

丰款：清代

外观效果图（图示1）

1. 器形点评

　　此桌创意新奇，格调高雅。桌面界分出四块花板，分别雕有琴棋书画和博古图样，饰以环形扯不断纹和角花。桌面下有束腰，束腰下接桌腿，桌腿之间装有罗锅枨和矮老。桌腿笔直，足部呈"挖缺做"马蹄足。整器设计巧妙独特，造型精美耐看。

2. CAD 图示

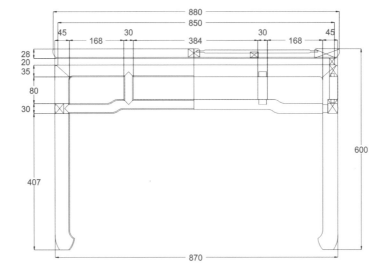

主视图

俯视图

注：左视结构简单，故省略左视图。

3. 用材效果

外观效果图（材质：黄花梨；图示 4）

外观效果图（材质：紫檀；图示 5）

外观效果图（材质：酸枝；图示 6）

4. 结构解析

桌面

矮老

罗锅枨

腿子

内翻马蹄足

整体结构图（图示 7）

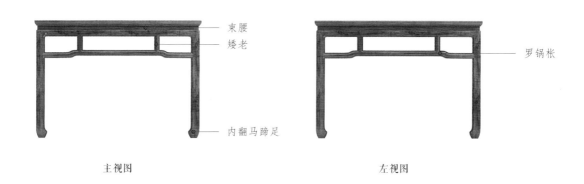

束腰
矮老

罗锅枨

内翻马蹄足

主视图

左视图

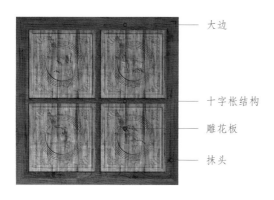

大边

十字枨结构

雕花板

抹头

俯视图

三视结构图（图示 8 ~ 10）

清式拐子纹方桌

材质：黄花梨

年款：清代

外观效果图（图示1）

1. 器形点评

此桌桌面方正平直，冰盘沿线脚，下有束腰，直牙板下接攒接螭龙拐子纹花牙，方材直腿，足内翻。此桌结构简洁明快，外形俊朗疏透，为成功的设计珍品。此桌实物原型在北京故宫博物院，属于清宫旧藏。

承具·清代

127

2. CAD 图示

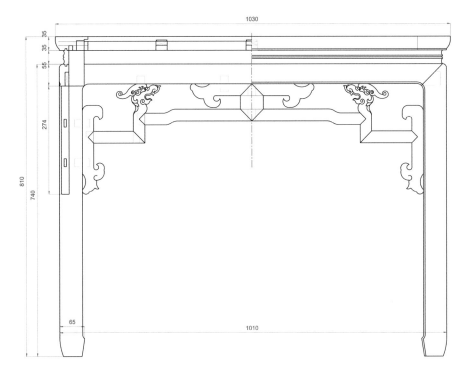

主视图

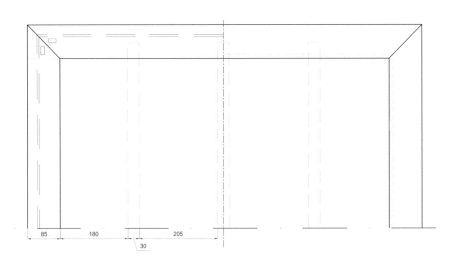

剖视图

CAD 结构图（图示 2 ～ 3）

注：左视结构简单，故省略左视图；俯视图采用轴对称画法，并省略了对称的部分。

3. 用材效果

外观效果图（材质：黄花梨；图示 4）

外观效果图（材质：紫檀；图示 5）

外观效果图（材质：酸枝；图示 6）

4. 结构解析

束腰

牙头

内翻马蹄足

整体结构图（图示 7）

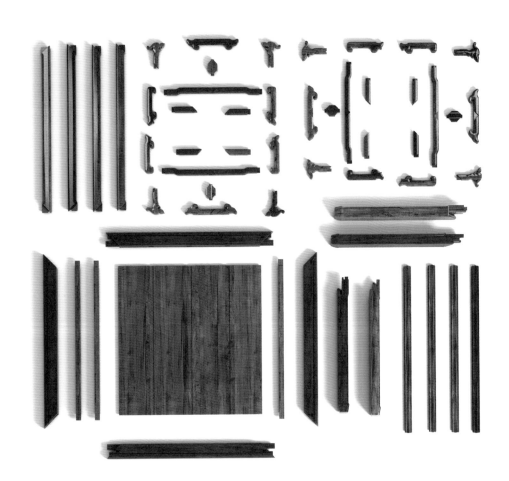

部件结构图（图示 8）

大成若缺

130

5. 部件详解

抹头

大边

面心

穿带

桌面分解图（图示 9）

牙板

束腰

牙板和束腰分解图（图示 10）

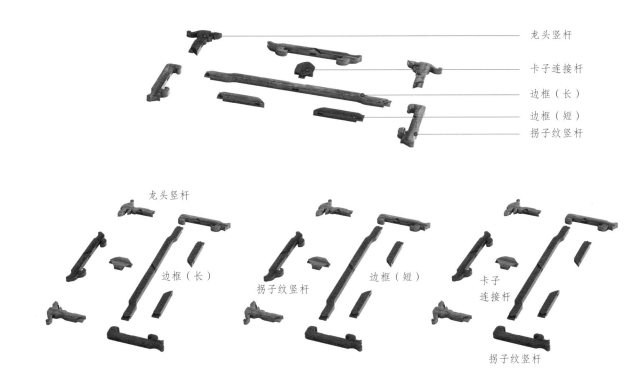

龙头竖杆
卡子连接杆
边框（长）
边框（短）
拐子纹竖杆

龙头竖杆

边框（长）

拐子纹竖杆

边框（短）

卡子连接杆

拐子纹竖杆

牙条和牙头分解图（图示 11 ）

腿子

腿子

腿足分解图（图示 12 ）

清式拐子回纹条桌

材质：黄花梨

年款：清代

外观效果图（图示1）

1. 器形点评

此桌桌面长方平直，其下束腰分段透光。牙板雕回纹，角牙雕拐子纹。四腿为方材直腿，起混面单边线，内翻回纹马蹄足。此桌原为太极殿所用之物。太极殿位于故宫内廷，是清代嫔妃居住的宫殿之一。

2. CAD 图示

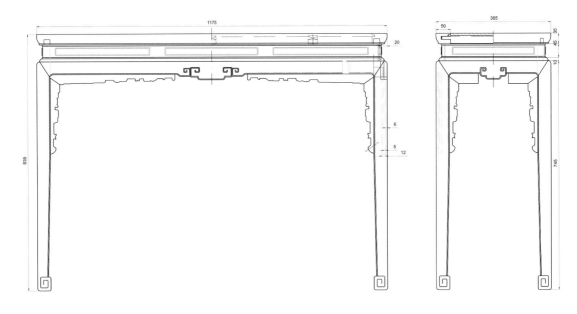

主视图   左视图

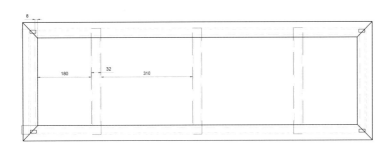

俯视图

CAD 结构图（图示 2 ~ 4）

3. 用材效果

外观效果图（材质：黄花梨；图示 5）

外观效果图（材质：紫檀；图示 6）

外观效果图（材质：酸枝；图示 7）

4. 结构解析

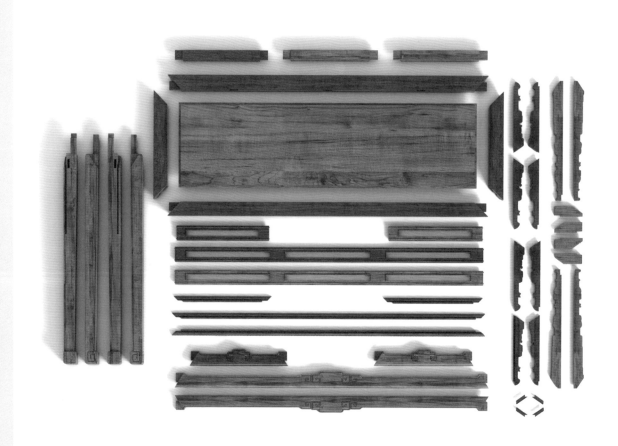

透光
雕花牙板

内翻马蹄足

整体结构图（图示 8）

部件结构图（图示 9）

大成若缺

5. 部件详解

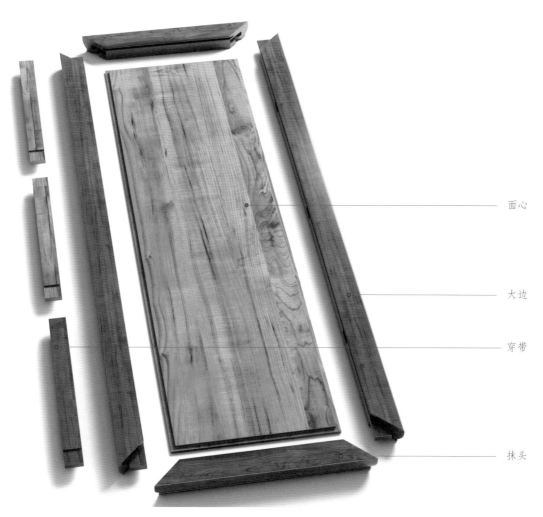

面心

大边

穿带

抹头

桌面分解图（图示 10）

腿子

腿子

腿足分解图（图示 11）

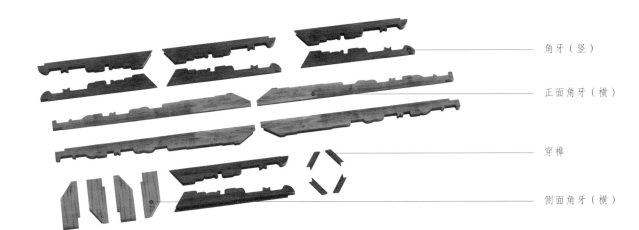

角牙（竖）

正面角牙（横）

穿榫

侧面角牙（横）

角牙分解图（图示 12）

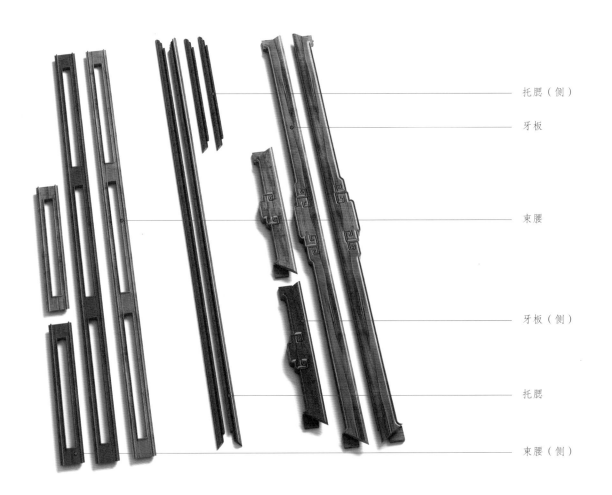

托腮（侧）

牙板

束腰

牙板（侧）

托腮

束腰（侧）

牙板和束腰分解图（图示 13）

清式一腿三牙条桌

材质：黄花梨

丰款：清代

外观效果图（图示1）

1. 器形点评

    此条桌造型将罗锅枨加矮老和一腿三牙罗锅枨两种形式揉合到一起。一般条桌四足垂直于桌面，此桌则侧脚明显，这是为安装角牙留出位置。一般一腿三牙式桌上的牙板及角牙均用板材做成，此桌则化实为虚，采用细圆棍，乃是罗锅枨加矮老的做法。它发展了明代家具的形式，稳定简练而又明快疏透，是一种成功的设计。

2. CAD 图示

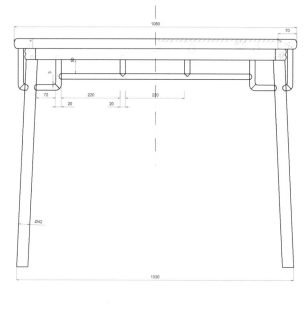

主视图

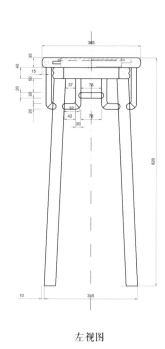

左视图

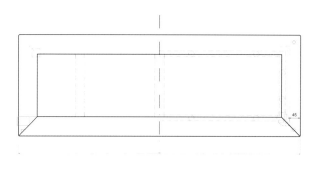

俯视图

节点图

CAD 结构图（图示 2 ~ 5）

3. 用材效果

外观效果图（材质：黄花梨；图示 6）

外观效果图（材质：紫檀；图示 7）

外观效果图（材质：酸枝；图示 8）

承具·清代

4.结构解析

垛边木条

一腿三牙结构

腿子

整体结构图（图示9）

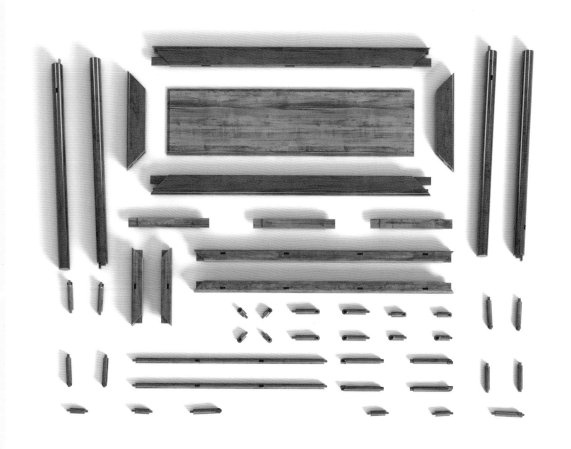

部件结构图（图示10）

4.结构解析

5. 部件详解

大边

穿带

面心

抹头

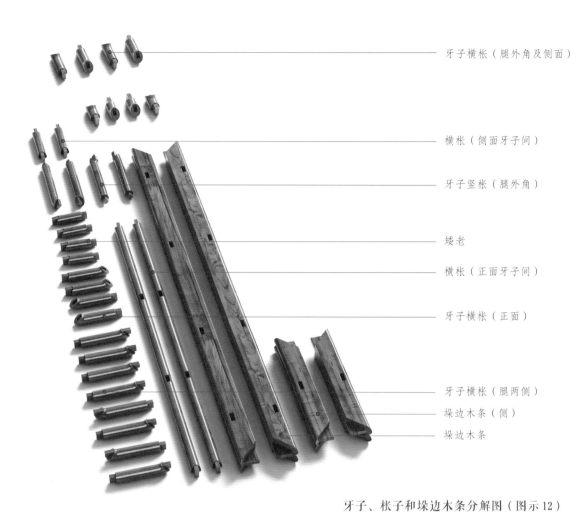

牙子横枨（腿外角及侧面）

横枨（侧面牙子间）

牙子竖枨（腿外角）

矮老

横枨（正面牙子间）

牙子横枨（正面）

牙子横枨（腿两侧）
垛边木条（侧）
垛边木条

牙子、枨子和垛边木条分解图（图示12）

腿子

腿足分解图（图示13）

清式棂格桌面条桌

材质：黄花梨

年款：清代

外观效果图（图示1）

1. 器形点评

  此条桌样式精巧独特，设计新颖。桌面以短材攒接，呈棂格状，造型新奇，古趣盎然。桌面边沿下有垛边，形成双混面。垛边下接圆柱桌腿，桌腿之间连以裹腿横枨，横枨与面沿之间的空间以矮老界分出小格，装有绦环板。绦环板上有圆形和椭圆形透光。整器通透明快，格调高雅。

2. CAD 图示

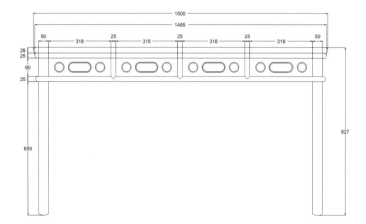

主视图

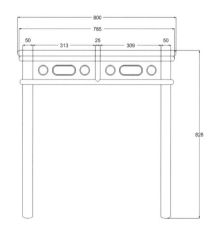

左视图

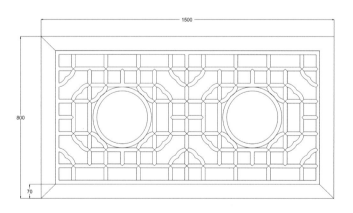

俯视图

CAD 结构图（图示 2 ~ 4）

3. 用材效果

外观效果图（材质：黄花梨；图示5）

外观效果图（材质：紫檀；图示6）

外观效果图（材质：酸枝；图示7）

4. 结构解析

整体结构图（图示 8）

墥边木条
绦环板
裹腿横枨

腿子

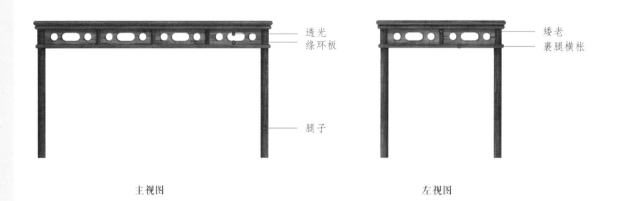

透光
绦环板

腿子

矮老
裹腿横枨

主视图

左视图

大边

棂格

抹头

俯视图

三视结构图（图示 9 ～ 11）

大成若缺

清式拐子纹条桌

材质：黄花梨

丰款：清代

外观效果图（图示1）

1. 器形点评

    此条桌桌面平滑光素，桌面下有束腰，束腰下方连接牙板和桌腿。桌腿之间装有透雕拐子纹花牙，花牙平直处装卡子花。条桌侧面也装有同样风格的透雕花牙。四腿为方材，直落到地。

2. CAD 图示

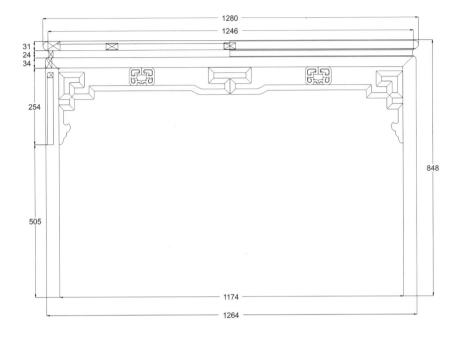

主视图

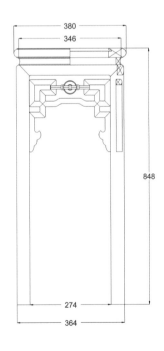

左视图

CAD 结构图（图示 2 ~ 3）

注：俯视结构简单，故省略俯视图。

3. 用材效果

外观效果图（材质：黄花梨；图示 4）

外观效果图（材质：紫檀；图示 5）

外观效果图（材质：酸枝；图示 6）

4.结构解析

束腰

卡子花

牙头

整体结构图（图示7）

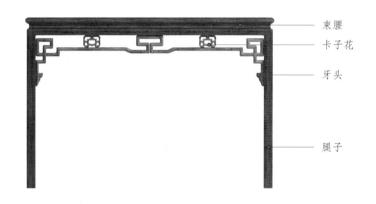

束腰

卡子花

牙头

腿子

主视图

牙条

左视图

大边

抹头

面心

俯视图

三视结构图（图示8～10）

5. 雕刻图版

※ 清式拐子纹条桌雕刻技艺图

序号	名称	雕刻技艺图	应用部位
1	玉璧纹		侧面牙条中间
2	拐子纹		卡子花

雕刻技艺图（图示 11 ~ 12）

清式如意纹条案

材质：黄花梨

年款：清代

外观效果图（图示1）

1. 器形点评

　　此条案案面平直，两头延伸，向下向内卷起，呈回纹拐子状。案面下镶有雕刻如意云头纹和海棠开光的绦环板。再下是装饰有卷草纹、回纹和如意云头纹的罗锅枨。条案下有四根立柱，连接几字形箱式案腿。案腿前后装有镂空的拐子龙纹装饰，左右镶有素实板。

2. CAD 图示

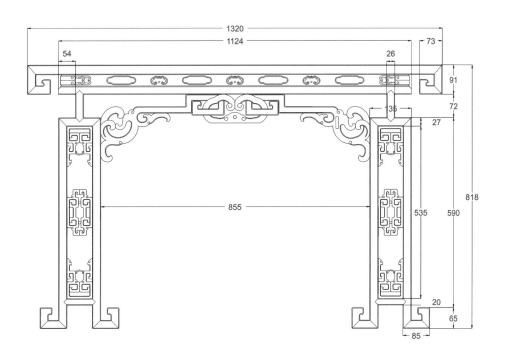

主视图

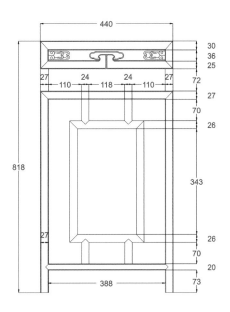

左视图

CAD 结构图（图示 2 ~ 3）

注：俯视结构简单，故省略俯视图。

3. 用材效果

外观效果图（材质：黄花梨；图示4）

外观效果图（材质：紫檀；图示5）

外观效果图（材质：酸枝；图示6）

4.结构解析

绦环板

罗锅枨

卷勾足

整体结构图（图示 7）

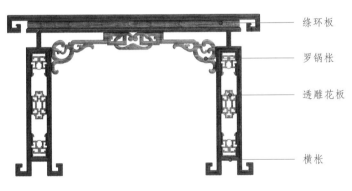

绦环板

罗锅枨

透雕花板

横枨

主视图

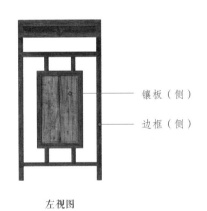

镶板（侧）

边框（侧）

左视图

大边

抹头

面心

俯视图

三视结构图（图示 8 ~ 10）

5. 雕刻图版

※ 清式如意纹条案雕刻技艺图

序号	名称	雕刻技艺图	应用部位
1	如意云头纹、拐子纹	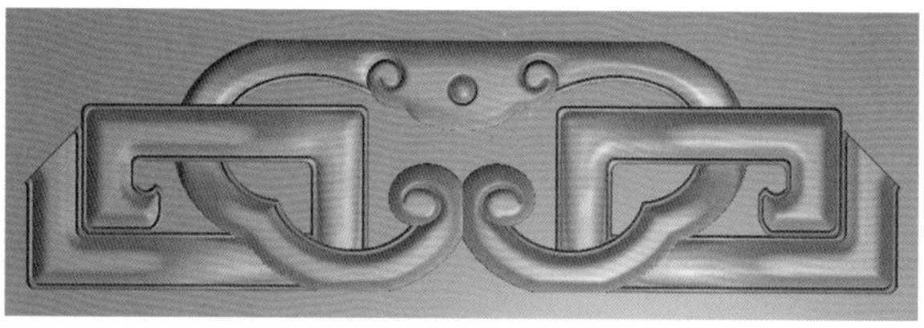	罗锅枨高拱处
2	拐子纹	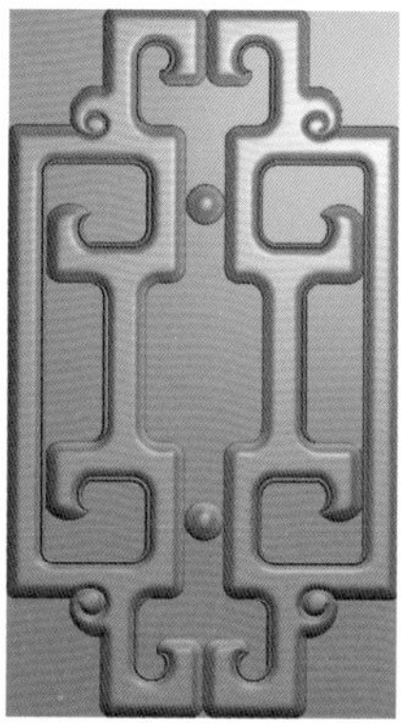 	腿正面透雕花板

雕刻技艺图（图示 11 ~ 13）

大成若缺

158

清式螭龙纹平头案

材质：黄花梨

年款：清代

外观效果图（图示1）

1. 器形点评

　　此案是典型的平头案样式。案面平直光素，案面边沿雕有回纹装饰。案面下接案腿，案腿内侧安有抽象变形的螭龙纹角牙。前后腿间装有螭龙纹镂空挡板。足下有托子相承，整器造型简洁，雕饰精巧，生动隽秀。

159

2. CAD 图示

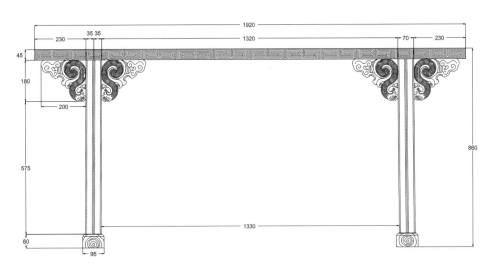

主视图

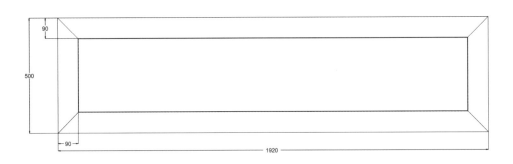

俯视图

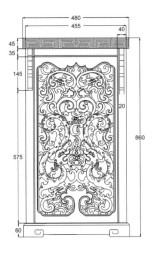

左视图

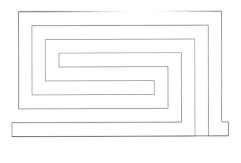

纹饰细节图

CAD 结构图（图示 2 ~ 5）

3. 用材效果

外观效果图（材质：黄花梨；图示 6）

外观效果图（材质：紫檀；图示 7）

外观效果图（材质：酸枝；图示 8）

4. 结构解析

角牙

螭龙纹挡板

托子

整体结构图（图示 9）

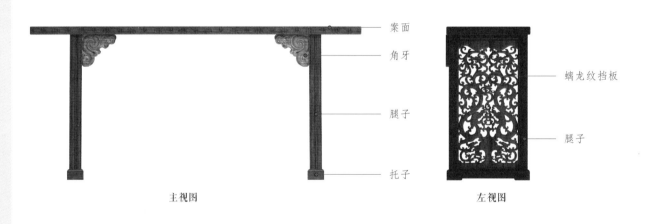

案面
角牙

腿子

托子

主视图

螭龙纹挡板

腿子

左视图

大边
抹头
面心

俯视图

三视结构图（图示 10 ～ 12）

5. 雕刻图版

※ 清式螭龙纹平头案雕刻技艺图

序号	名称	雕刻技艺图	应用部位
1	螭龙纹、回纹		角牙
2	螭龙纹		挡板

雕刻技艺图（图示 13 ~ 14）

清式卷书式翘头案

材质：黄花梨

丰款：清代

外观效果图（图示1）

1. 器形点评

此案案面狭长，两端有卷书式翘头。牙板与牙头上下平接，像披肩似的覆盖着四条腿。腿上端雕回纹，与腿边缘阳线相连。前后两腿间施两根横枨，横枨间镶绦环板，下面的横枨下又装刀牙板。方腿直足，侧脚收分，足上饰回纹。

2. CAD 图示

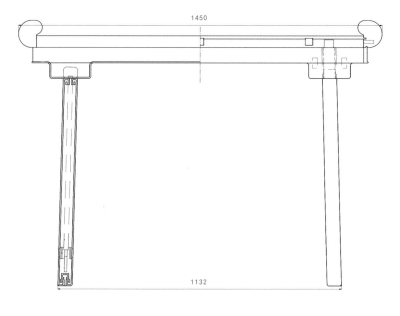

1450

1132

主视图

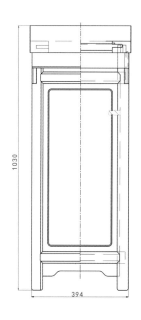

1030

394

左视图

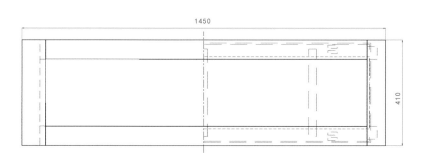

1450

410

俯视图

CAD 结构图（图示 2 ~ 4）

3. 用材效果

外观效果图（材质：黄花梨；图示 5）

外观效果图（材质：紫檀；图示 6）

外观效果图（材质：酸枝；图示 7）

4.结构解析

卷书式翘头

牙板

挡板

管脚枨

整体结构图（图示 8 ）

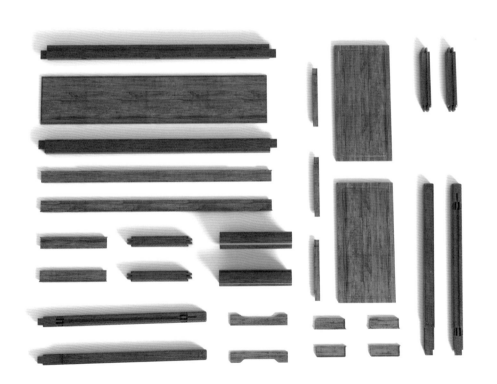

部件结构图（图示 9 ）

5. 部件详解

穿带

面心

大边

翘头（抹头）

案面分解图（图示10）

牙板（横枨下）

牙头

牙板

牙板（侧）

挡板

牙板和挡板分解图（图示 11）

腿子

横枨

管脚枨

腿足和枨子分解图（图示 12）

清式祥源翘头案

材质：黄花梨

丰款：清代

外观效果图（图示1）

1. 器形点评

此翘头案光滑平直，两端连接翘头，吊头下饰以卷草纹挂牙。案面下有两具抽屉，屉脸上雕拐子纹、卷草纹等纹样，装有黄铜拉手。案腿向外倾斜，正面腿间装壶门牙板，牙板上雕卷草纹。四条案腿之间安管脚枨，打槽装踏脚屉板，屉板中间镂雕宝相花纹。

2. CAD 图示

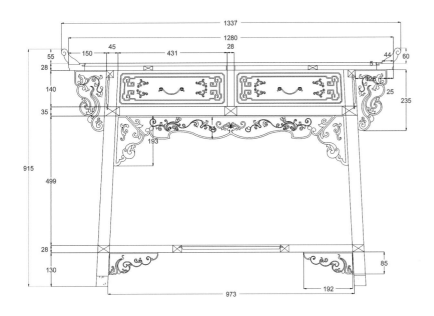

主视图   左视图

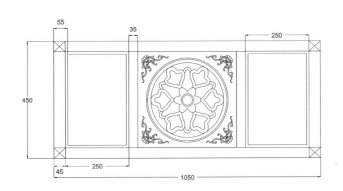

剖视图（踏脚屉板）

CAD 结构图（图示 2 ~ 4）

注：俯视结构简单，故省略俯视图。

3. 用材效果

外观效果图（材质：黄花梨；图示 5）

外观效果图（材质：紫檀；图示 6）

外观效果图（材质：酸枝；图示 7）

4. 结构解析

翘头

挂牙

牙板
牙头

踏脚屉板

角牙

整体结构图（图示 8）

翘头

抽屉

挂牙
牙板
牙头

腿子

侧板

管脚枨

主视图

左视图

大边

翘头

面心

俯视图

三视结构图（图示 9 ~ 11）

承具·清代

173

5. 雕刻图版

※ 清式祥源翘头案雕刻技艺图

序号	名称	雕刻技艺图	应用部位
1	宝相花纹、卷草纹	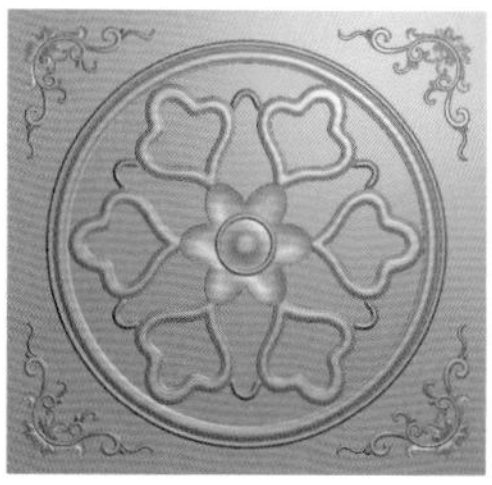	踏脚屉板中心
2	拐子纹、卷草纹	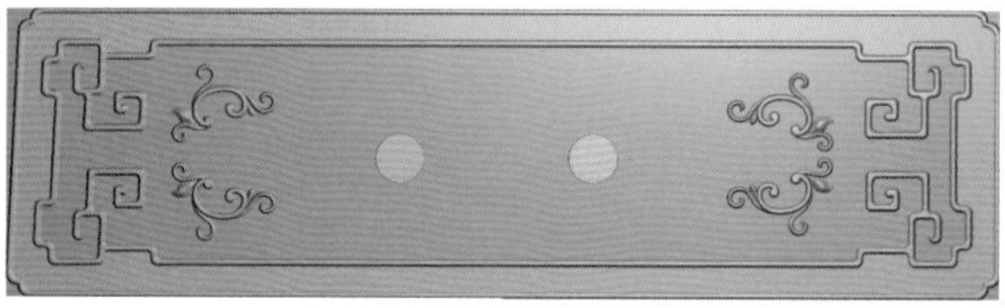	抽屉脸
3	卷草纹	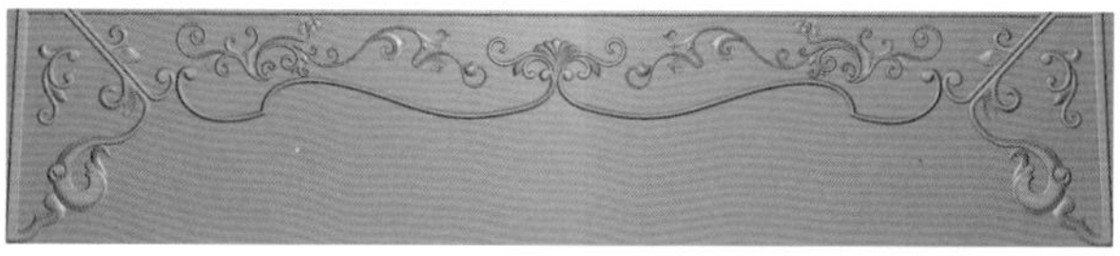	牙板

雕刻技艺图（图示 12 ~ 14）

清式福寿如意翘头案

材质：黄花梨

年款：清代

外观效果图（图示1）

1. 器形点评

此案为翘头案样式，翘头侧面雕饰回纹。案面下的垛边雕有一圈如意云头纹。牙板上雕有蝙蝠纹和团寿纹。腿上端雕变体的寿字纹，足端外撇，前后腿间安海棠形挡板。整器简洁大方，雕饰精美。

2. CAD 图示

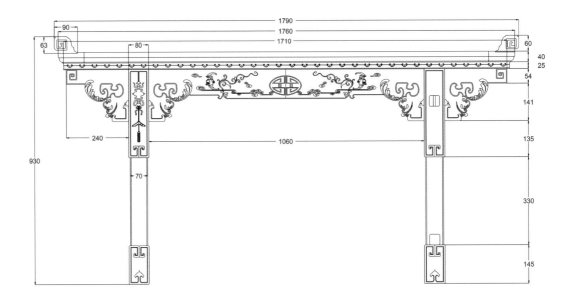

主视图

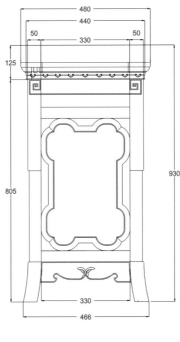

左视图

CAD 结构图（图示 2 ~ 3）

注：俯视结构简单，故省略俯视图。

3. 用材效果

外观效果图（材质：黄花梨；图示4）

外观效果图（材质：紫檀；图示5）

外观效果图（材质：酸枝；图示6）

4. 结构解析

整体结构图（图示 7）

翘头
牙头
挡板
管脚枨

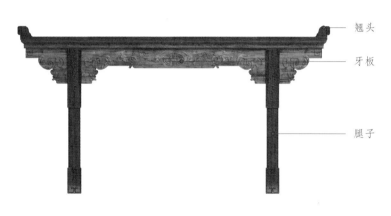

主视图

翘头
牙板

腿子

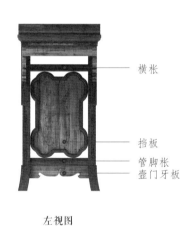

左视图

横枨
挡板
管脚枨
壸门牙板

大边
翘头
面心

俯视图

三视结构图（图示 8 ~ 10）

5. 雕刻图版

※ 清式福寿如意翘头案雕刻技艺图

序号	名称	雕刻技艺图	应用部位
1	蝙蝠纹、寿字纹		牙板
2	寿字纹		腿子上部
3	拐子纹	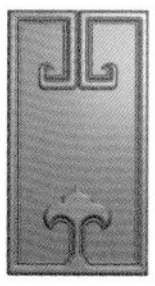	足端
4	如意云头纹		垛边

雕刻技艺图（图示 11～14）

清式带托泥撇腿翘头案两件套

材质：黄花梨

丰款：清代

外观效果图（图示1）

1. 器形点评

　　此案案面平直光滑，两端延伸，向上向内翘起，呈卷书状。案面下由两段半截拐子纹罗锅枨合成一个完整的罗锅枨结构，枨上装卡子花。案腿外展，形成侧脚，足端呈回字形向内曲折，下接托泥，托泥下有龟足。此翘头案还配有造型相同，省略了罗锅枨和翘头的长方凳。整套家具空灵优雅，端正秀丽。

2. CAD 图示

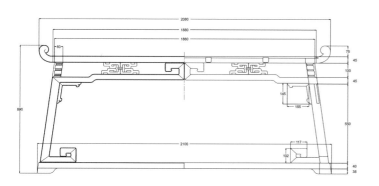

主视图

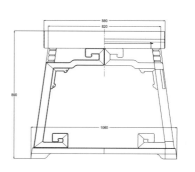

左视图

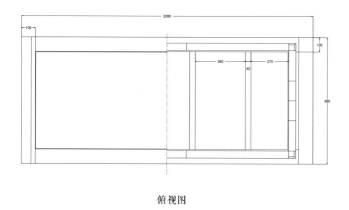

俯视图

CAD 结构图（图示 2～4）

注：因长方凳造型与翘头案相似，故省略长方凳 CAD 结构图。

3. 用材效果

外观效果图（材质：黄花梨；图示 5）

外观效果图（材质：紫檀；图示 6）

外观效果图（材质：酸枝；图示 7）

4. 结构解析

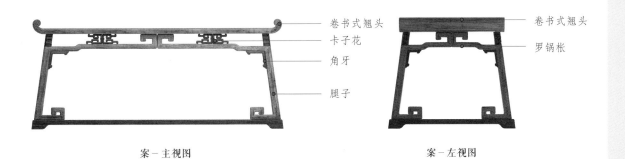

卷书式翘头	卷书式翘头
卡子花	罗锅枨
角牙	
腿子	

案－主视图　　　　　　　　　　　　　　案－左视图

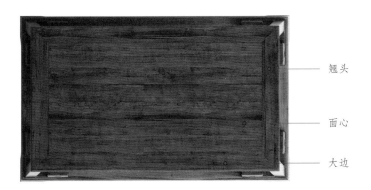

翘头

面心

大边

案－俯视图

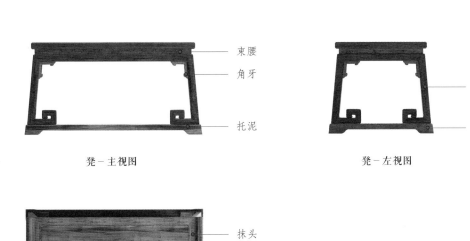

束腰	腿子
角牙	龟足
托泥	

凳－主视图　　　　　　　　　　　　　　凳－左视图

抹头

面心

大边

凳－俯视图

清式画案两件套

材质：黄花梨

年款：清代

外观效果图（图示1）

1. 器形点评

　　此案是典型的平头案样式。案面平直光素，案面下接案腿，案腿之间装有牙板，牙板上雕刻有卷草纹和素线条。牙头锼出卷云纹，与牙板连以圆珠，颇有意趣。四腿为方材，边沿起皮条线。案腿笔直，足端雕卷草纹。椅子搭脑呈卷书状，靠背板处雕有寿字纹样。

2. CAD 图示

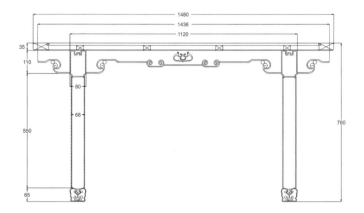

案－主视图

案－左视图

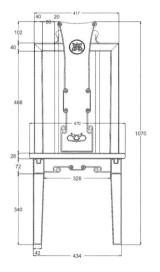

椅－主视图

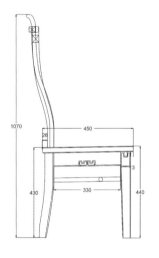

椅－左视图

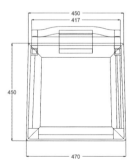

椅－俯视图

CAD 结构图（图示 2～6）

注：案的俯视结构简单，故省略俯视图。

3. 用材效果

外观效果图（材质：黄花梨；图示 7）

外观效果图（材质：紫檀；图示 8）

外观效果图（材质：酸枝；图示 9）

4. 结构解析

牙头
牙板

腿子

整体结构图（图示 10）

牙板

腿子

案－主视图

横枨

案－左视图

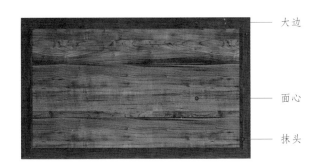

大边

面心

抹头

案－俯视图

三视结构图（图示 11 ~ 13）

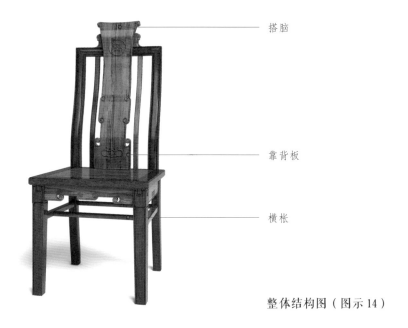

搭脑

靠背板

横枨

整体结构图（图示 14）

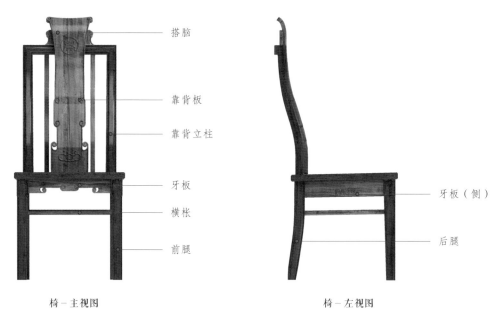

搭脑

靠背板

靠背立柱

牙板

横枨

前腿

椅－主视图

牙板（侧）

后腿

椅－左视图

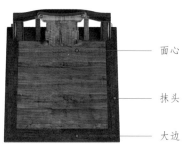

面心

抹头

大边

椅－俯视图

三视结构图（图示 15 ~ 17）

大成若缺

5. 雕刻图版

※ 清式画案两件套雕刻技艺图

序号	名称	雕刻技艺图	应用部位
1	回纹、卷云纹	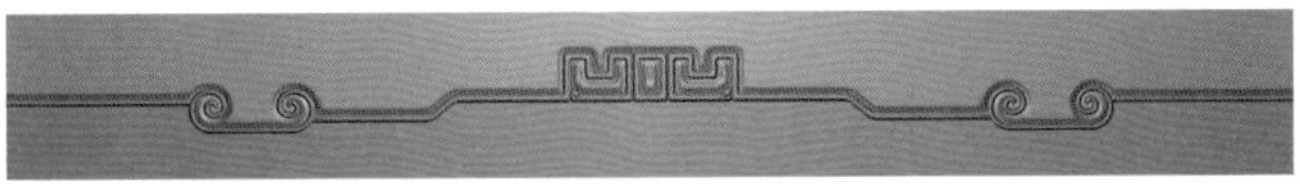 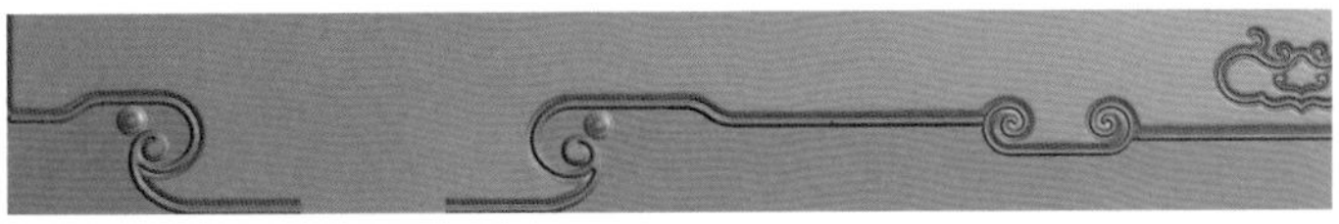	牙板、牙头（案）
2	回纹、卷草纹	 	腿子（左为案）腿子（右为椅）
3	卷云纹、回纹		牙板（椅）
4	寿字纹、卷云纹	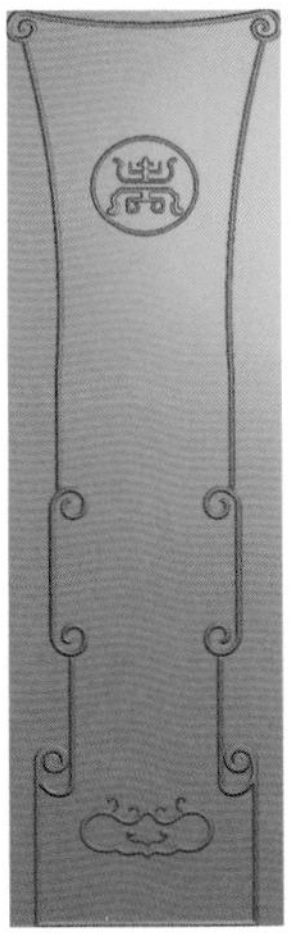	靠背板（椅）

雕刻技艺图（图示 18 ~ 23）

承具·清代

189

清式半圆桌

材质：黄花梨

年款：清代

外观效果图（图示1）

1. 器形点评

　　此桌桌面呈半圆形，桌面下有束腰。牙板中间垂出洼堂肚，其上浮雕卷云纹（详见 CAD 图示），牙板与腿交角处安透雕拐子纹角牙。腿足拱肩处之下又内收，雕有回纹拐子及云纹，云纹之下收细至足端，足外翻，上雕卷云纹。托泥做出与桌面面沿随形的曲线，下承龟足。

2. CAD 图示

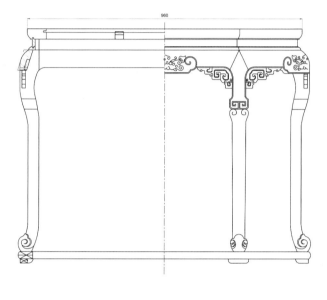

主视图

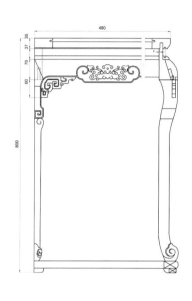

左视图

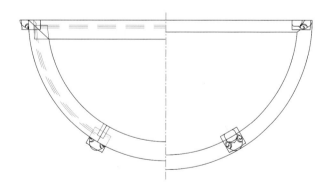

俯视图

CAD 结构图（图示 2 ~ 4）

3. 用材效果

外观效果图（材质：黄花梨；图示 5）

外观效果图（材质：紫檀；图示 6）

外观效果图（材质：酸枝；图示 7）

4. 结构解析

桌面

角牙

腿子

托泥

整体结构图（图示 8）

部件结构图（图示 9）

5. 部件详解

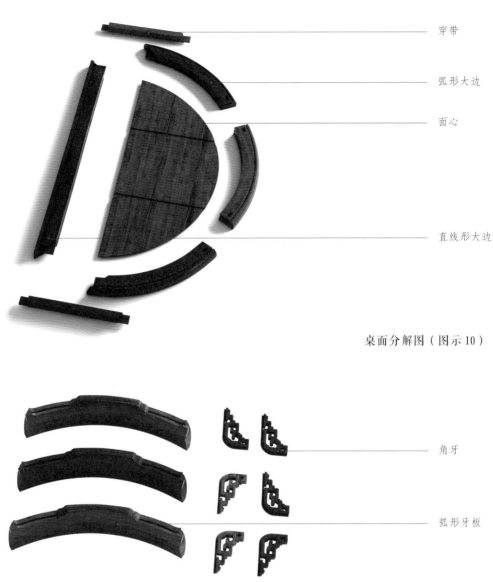

穿带

弧形大边

面心

直线形大边

桌面分解图（图示10）

角牙

弧形牙板

牙板和角牙分解图（图示11）

弧线束腰

托腮

直束腰

直牙板

束腰分解图（图示12）

194

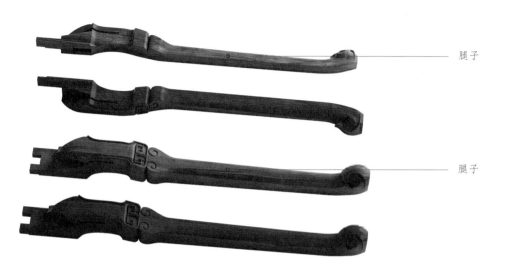

腿子

腿子

腿足分解图（图示 13）

龟足

直线形大边

弧形大边

托泥与龟足分解图（图示 14）

清式拐子纹半圆桌

材质：黄花梨

丰款：清代

外观效果图（图示1）

1. 器形点评

此桌桌面呈半圆形，桌面下有打洼束腰。牙板下又安牙条，牙条上浮雕拐子纹，两端长牙头上亦雕有拐子纹。腿上宽下窄，两边起线，足左右两端翻马蹄。腿下有圆弧形管脚枨和直管脚枨，弧枨与桌面面沿弧度相同，枨内攒接冰裂纹踏脚屉板。

2. CAD 图示

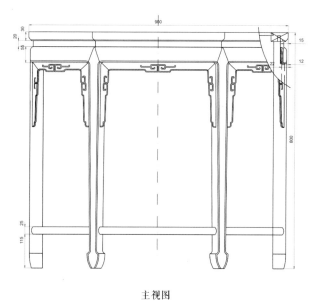

主视图

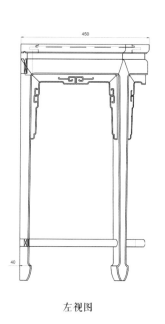

左视图

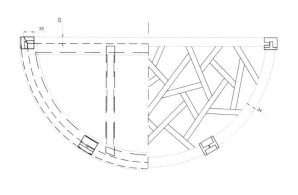

俯视图

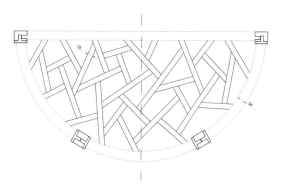

踏脚屉板－俯视图

CAD 结构图（图示 2 ~ 5）

3. 用材效果

外观效果图（材质：黄花梨；图示 6）

外观效果图（材质：紫檀；图示 7）

外观效果图（材质：酸枝；图示 8）

4. 结构解析

束腰

牙条

腿子

冰裂纹踏脚屉板

整体结构图（图示 9）

部件结构图（图示 10）

5. 部件详解

弧形束腰

弧形大边

穿带

面心

直线形大边

直束腰

桌面和束腰分解图（图示 11）

牙条

弧形牙板

牙头

直线形牙板

牙板和牙条分解图（图示 12）

腿子

腿足分解图（图示 13）

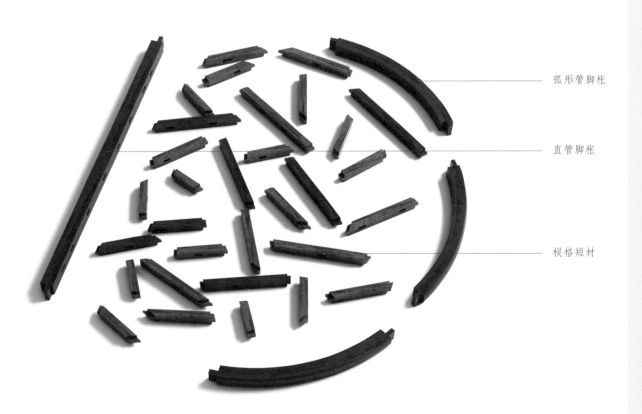

弧形管脚枨

直管脚枨

棂格短材

踏脚屉板和管脚枨分解图（图示 14）

清式卷云纹半圆桌

材质：黄花梨

丰款：清代

外观效果图（图示 1）

1. 器形点评

此桌桌面呈半圆形，面沿有拦水线，桌面下有束腰。牙板中间垂出洼堂肚，雕饰卷云纹。牙头亦饰以云纹，造型优雅，线条流畅。四腿笔直，边沿起阳线，至足端用阳线造出卷云纹。四腿足连以管脚枨，枨间装有攒拐子纹踏脚屉板。此桌造型生动，雕工细腻，古趣盎然。

2. CAD 图示

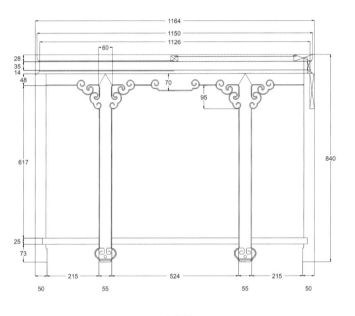

主视图

左视图

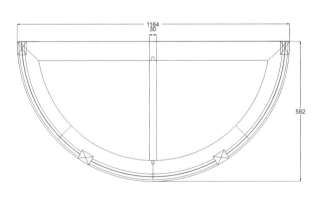

俯视图

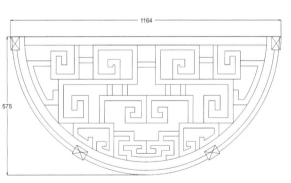

踏脚屉板－俯视图

CAD 结构图（图示 2 ~ 5）

3. 用材效果

外观效果图（材质：黄花梨；图示 6）

外观效果图（材质：紫檀；图示 7）

外观效果图（材质：酸枝；图示 8）

4. 结构解析

束腰
牙板

攒拐子纹踏脚屉板

整体结构图（图示 9）

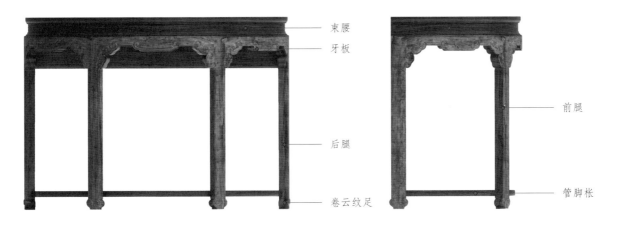

束腰
牙板

后腿

卷云纹足

主视图

前腿

管脚枨

左视图

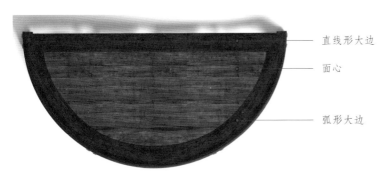

直线形大边

面心

弧形大边

俯视图

三视结构图（图示 10 ~ 12）

清式灵芝纹琴桌

材质：黄花梨

年款：清代

外观效果图（图示1）

1. 器形点评

此琴桌桌面平滑，两头延伸，向下向内卷起，成卷书状，端头雕成灵芝头。桌面下有直枨，制成绳系玉璧纹造型，又以拐子纹角牙与腿相接。四腿直立，腿面雕如意卷草纹，足端雕灵芝纹。桌面与腿相连，前后腿之间镶有透空圈口，下以管脚枨相连。

2. CAD 图示

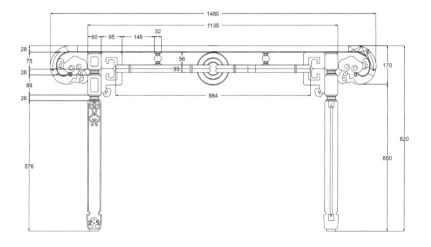

主视图

左视图

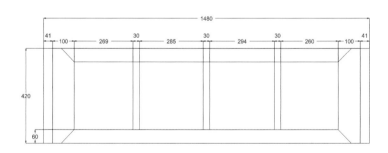

俯视图

CAD 结构图（图示 2 ~ 4）

3. 用材效果

外观效果图（材质：黄花梨；图示 5）

外观效果图（材质：紫檀；图示 6）

外观效果图（材质：酸枝；图示 7）

4. 结构解析

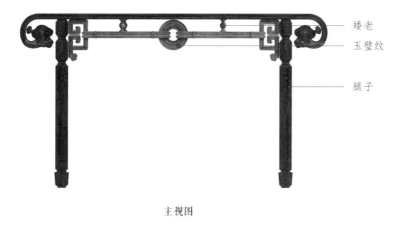

矮老
玉璧纹
腿子

主视图

横枨
圈口
管脚枨

左视图

大边
抹头
面心

俯视图

三视结构图（图示 8 ~ 10）

5. 雕刻图版

※ 清式灵芝纹琴桌雕刻技艺图

序号	名称	雕刻技艺图	应用部位
1	玉璧纹		直枨中间
2	灵芝纹		案面 两端内卷处

雕刻技艺图（图示 11 ~ 12）

清式竹节纹画桌两件套

材质：黄花梨

丰款：清代

外观效果图（图示1）

1. 器形点评

　　此画桌桌面平直，面沿劈料做，形成双混面。四腿间连接裹腿横枨，横枨上施以矮老，矮老间装绦环板，绦环板上雕刻以竹席纹为地的竹枝和竹叶纹。画桌腿为圆柱形，以竹节纹装饰，仿如竹竿；霸王枨也雕竹节纹，其上配有圆雕竹叶，雅趣盎然。此桌还配有造型相似的长凳。整套家具朴素大方，生动自然，造型别致，韵味十足。

2. CAD 图示

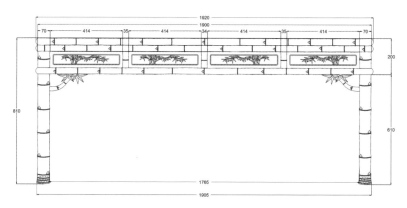

桌－主视图

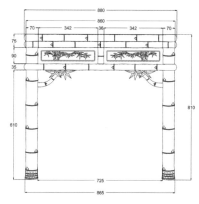

桌－左视图

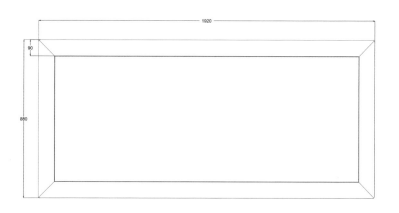

桌－俯视图

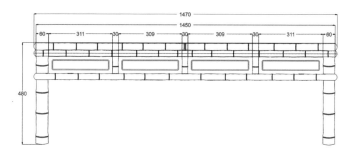

凳－主视图

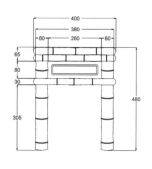

凳－左视图

CAD 结构图（图示 2 ~ 6）

注：凳与桌的造型相似，故省略凳的俯视图。

3. 用材效果

外观效果图（材质：黄花梨；图示 7）

外观效果图（材质：紫檀；图示 8）

外观效果图（材质：酸枝；图示 9）

4. 结构解析

劈料做面沿
裹腿枨
霸王枨

腿子

整体结构图（图示 10）

绦环板
霸王枨

桌－主视图

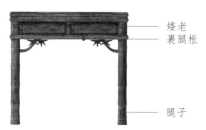

矮老
裹腿枨

腿子

桌－左视图

大边

面心

抹头

桌－俯视图

三视结构图（图示 11 ~ 13）

承具·清代

213

整体结构图（图示 14）

劈料做面沿
矮老
裹腿枨

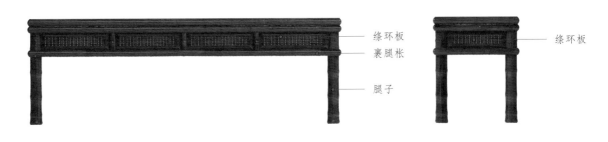

绦环板
裹腿枨

腿子

绦环板

凳－主视图

凳－左视图

大边
面心

抹头

凳－俯视图

三视结构图（图示 15 ~ 17）

5. 雕刻图版

※ 清式竹节纹画桌两件套雕刻技艺图

序号	名称	雕刻技艺图	应用部位
1	竹枝竹叶纹	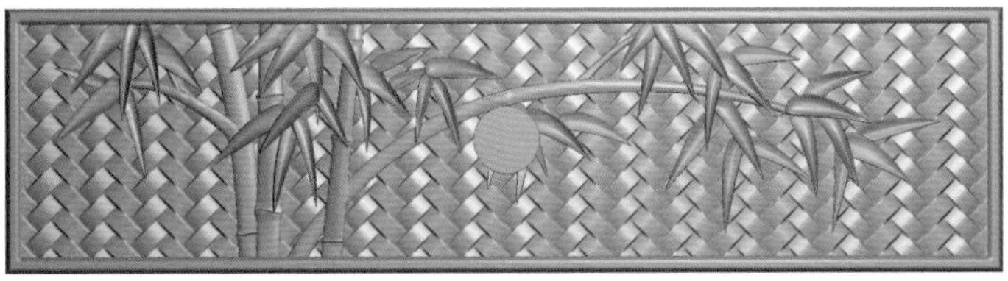	绦环板 （画桌侧面）
2	竹枝竹叶纹	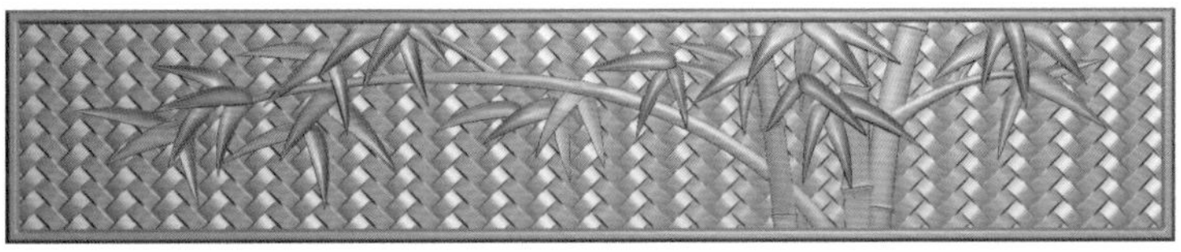	绦环板 （画桌正面）
3	席面纹	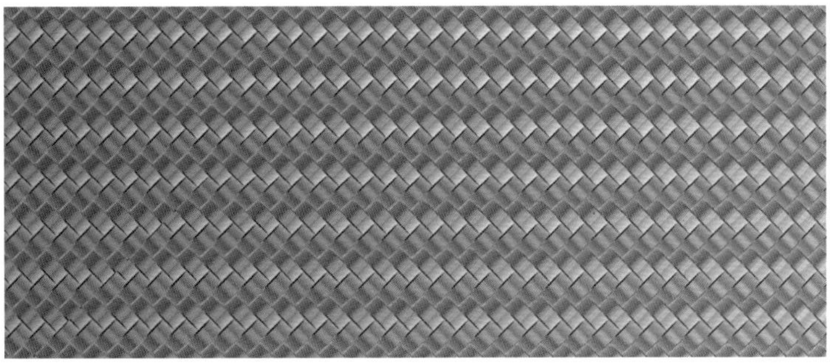	绦环板 （凳）

雕刻技艺图（图示 18 ~ 20）

现代中式格子餐桌

材质：黄花梨

年款：现代

外观效果图（图示1）

1. 器形点评

　　此餐桌样式新奇精巧，桌面攒接呈棂格状，造型新奇，古趣盎然。边抹为劈料做，下接圆柱形桌腿，桌腿之间装有矮老和绦环板，绦环板上有椭圆形开光。整器简洁秀巧，品相不凡。

2. CAD 图示

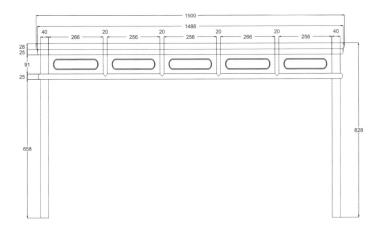

主视图

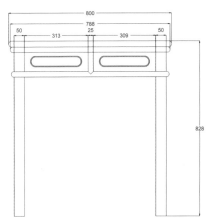

左视图

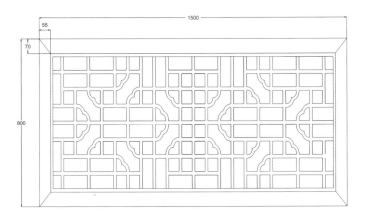

俯视图

CAD 结构图（图示 2 ~ 4）

3. 用材效果

外观效果图（材质：黄花梨；图示 5）

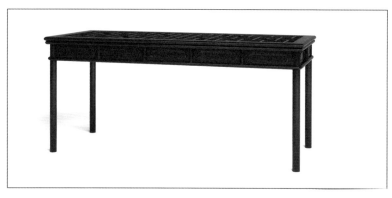

外观效果图（材质：紫檀；图示 6）

外观效果图（材质：酸枝；图示 7）

4. 结构解析

整体结构图（图示 8）

桌面
绦环板
矮老

腿子

绦环板

前腿

主视图

矮老

后腿

左视图

大边

抹头

花格面心

俯视图

三视结构图（图示 9 ~ 11）

现代中式金玉满堂圆桌五件套

<u>材质：黄花梨</u>

<u>丰款：现代</u>

外观效果图（图示1）

1. 器形点评

　　此圆桌造型优美，雕工精细。圆形的桌面和转盘都雕有生动的寓意金玉满堂、富贵吉祥的图案，例如水中嬉戏的金鱼、鲤鱼等。圆形的桌面和圆柱体的桌柱，象征了和谐圆满、美好幸福。圆桌配有四把靠背椅，卷书式搭脑，方正大气。线条流畅，方圆结合，造型优美，高雅别致。

2. CAD 图示

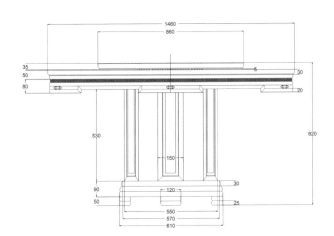

主视图

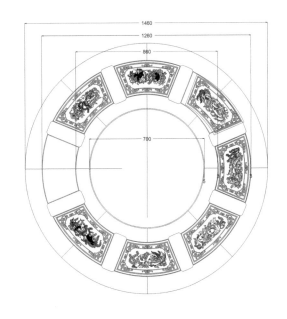

桌面－俯视图

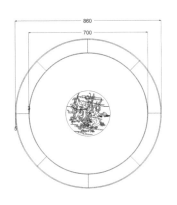

转盘－俯视图

细节图（桌面局部放大）

CAD 结构图（图示 2 ~ 5）

注：桌的左视结构与主视结构相同，故省略左视图。

3. 用材效果

外观效果图（材质：黄花梨；图示 6）

外观效果图（材质：紫檀；图示 7）

外观效果图（材质：酸枝；图示 8）

4. 结构解析

　　　　　　　　　　　　　　　　　　　── 圆转盘

　　　　　　　　　　　　　　　　　　　── 束腰
　　　　　　　　　　　　　　　　　　　── 罗锅枨

　　　　　　　　　　　　　　　　　　　── 桌柱

　　　　　　　　　　　　　　　　　　　── 龟足

整体结构图（图示 9）

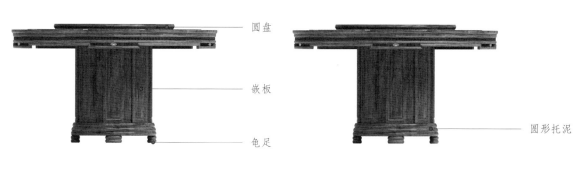

圆盘

嵌板

龟足

圆形托泥

桌－主视图　　　　　　　　　　　　　　　　桌－左视图

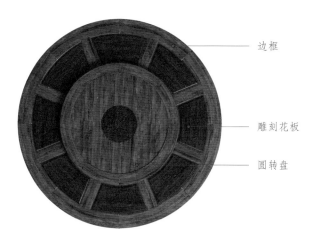

── 边框

── 雕刻花板

── 圆转盘

桌－俯视图

三视结构图（图示 10 ～ 12）

承具·现代

整体结构图（图示 13）

搭脑
角牙
靠背板
罗锅枨

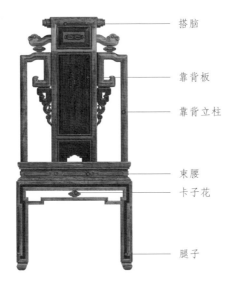

搭脑
靠背板
靠背立柱
束腰
卡子花
腿子

椅－主视图

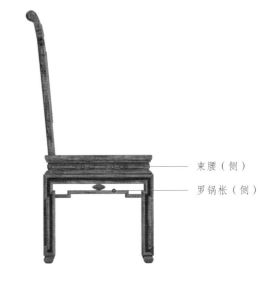

束腰（侧）
罗锅枨（侧）

椅－左视图

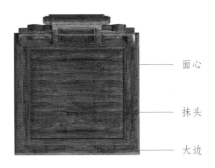

面心
抹头
大边

椅－俯视图

三视结构图（图示 14 ～ 16）

5. 雕刻图版

※ 现代中式金玉满堂圆桌五件套雕刻技艺图

序号	名称	雕刻技艺图	应用部位
1	金鱼纹	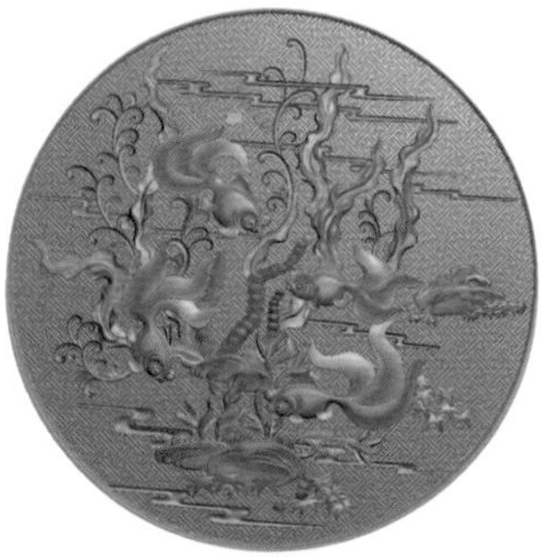	转盘（桌）
2	金玉满堂纹1		桌面（桌）
3	金玉满堂纹2		桌面（桌）
4	金玉满堂纹3		桌面（桌）
5	金玉满堂纹4		桌面（桌）

雕刻技艺图（图示 17 ~ 21）

现代中式梅花形圆桌六件套

材质：黄花梨

丰款：现代

外观效果图（图示1）

1. 器形点评

    此六件套圆桌、圆凳的面板皆做成梅花形，造型独特优雅。圆桌桌面面沿雕有卷草纹和博古纹线，桌面由独柱支撑，瓶状圆柱旁安圆雕卷草纹站牙，下连底座，底座四周亦雕有卷草纹和博古线。圆桌配有五只圆凳，凳面下有束腰，彭牙板，三弯腿，外翻云纹足，足下连托泥、龟足。整套家具造型优美，雕饰华丽。

2. CAD 图示

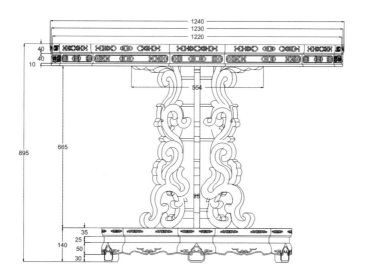

桌－主视图

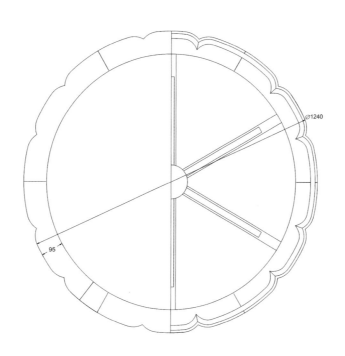

桌－俯视图

CAD 结构图（图示 2～3）

注：桌的左视结构与主视结构相同，故省略左视图。

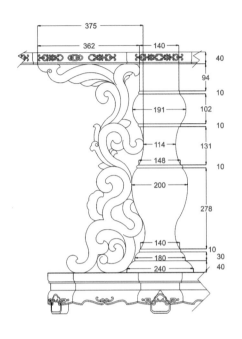

桌－剖视图1

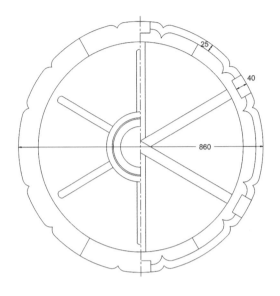

桌－剖视图2

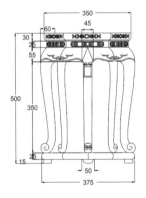

凳－主视图

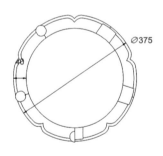

凳－俯视图

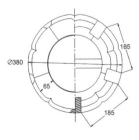

凳－剖视图

CAD 结构图（图示 4 ~ 8）

注：凳的左视结构与主视结构相近，故省略左视图。

3. 用材效果

外观效果图（材质：黄花梨；图示 9 ）

外观效果图（材质：紫檀；图示 10 ）

外观效果图（材质：酸枝；图示 11 ）

4. 结构解析

桌面

站牙

底座

整体结构图（图示 12）

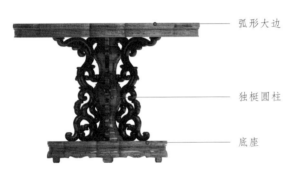

弧形大边

独梃圆柱

底座

桌－主视图

站牙

龟足

桌－左视图

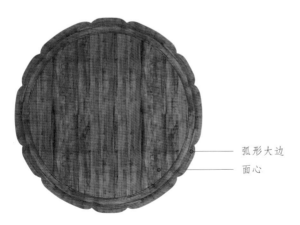

弧形大边

面心

桌－俯视图

三视结构图（图示 13～15）

束腰

托泥

整体结构图（图示 16）

束腰

腿子

托泥

凳－主视图

牙板

龟足

凳－左视图

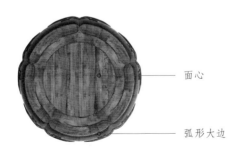

面心

弧形大边

凳－俯视图

三视结构图（图示 17 ～ 19）

现代中式五福如意圆桌五件套

材质：黄花梨

丰款：现代

外观效果图（图示1）

1. 器形点评

此桌桌面呈圆形，桌面下有束腰，面沿下的垛边立面雕有回纹、如意纹等寓意吉祥的纹样。桌面下接一方形支柱，支柱四角又延伸出雕刻有回纹、如意纹的站牙。支柱和站牙下方连接底座，底座支脚雕刻回纹。此桌配有四把靠背椅，椅子搭脑中间高拱，雕有如意宝石花和回纹装饰。靠背板呈S形，雕有双钱纹和变体的寿字纹。四腿先直下，至中段变窄呈回折之势，足端雕出外翻回纹。

2. CAD 图示

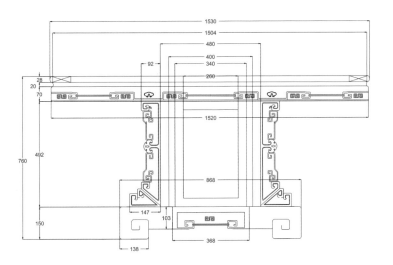

桌－主视图

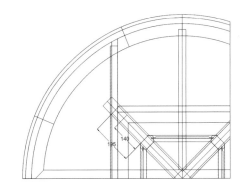

桌－剖视图 1

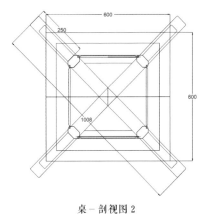

桌－剖视图 2

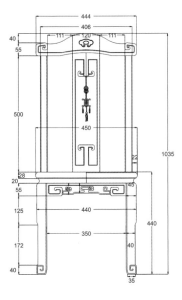

椅－主视图

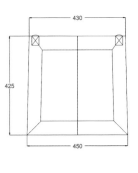

椅－俯视图

CAD 结构图（图示 2 ~ 6）

注：桌的左视结构与主视结构相同，俯视结构简单，故省略左视图及俯视图。椅俯视图略去靠背。

3. 用材效果

外观效果图（材质：黄花梨；图示 7）

外观效果图（材质：紫檀；图示 8）

外观效果图（材质：酸枝；图示 9）

4. 结构解析

桌面
束腰

立柱

站牙

整体结构图（图示 10）

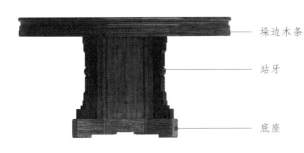

垛边木条

站牙

底座

桌－主视图

立柱

桌－左视图

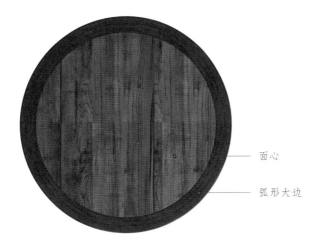

面心

弧形大边

桌－俯视图

搭脑

靠背板

牙板

整体结构图（图示 14）

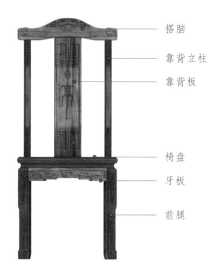

搭脑

靠背立柱

靠背板

椅盘

牙板

前腿

椅-主视图

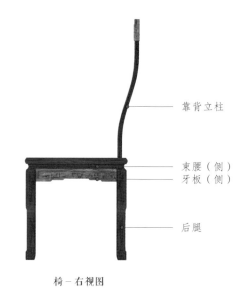

靠背立柱

束腰（侧）

牙板（侧）

后腿

椅-右视图

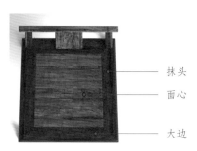

抹头

面心

大边

椅-俯视图

三视结构图（图示 15～17）

5. 雕刻图版

※ 现代中式五福如意圆桌五件套雕刻技艺图

序号	名称	雕刻技艺图	应用部位
1	回纹		底座（桌）
2	如意宝石纹		面沿（桌）
3	如意拐子纹		站牙（桌）
4	拐子纹		牙板（椅）
5	金钱福寿纹		靠背板（椅）

承具·现代

237

现代中式冰心茶桌五件套

材质：黄花梨

丰款：现代

外观效果图（图示1）

1. 器形点评

此茶桌款式独特新颖。桌面攒接冰裂纹，中间镶有一圆形雕花板，圆板外围雕一圈如意云头纹，内圈雕一圈蝙蝠纹，中间雕团寿纹。冰裂纹桌面边框雕饰一匝扯不断纹。整器为四面平式，桌面下安横枨，横枨与桌面之间装矮老和卡子花。四腿直下，至足端雕出横向出挑的勾云足。此桌独特的地方在于四腿与横枨之间又装一个洼堂肚券口牙子，券口牙子下方直接踩在勾云足上。此桌还配有造型相近的四只方凳。整套家具通透明快，格调高雅，古趣盎然。

2. CAD 图示

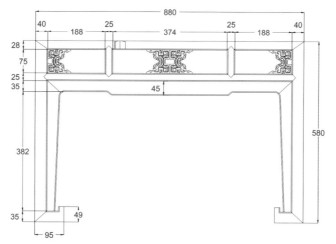

桌－主视图

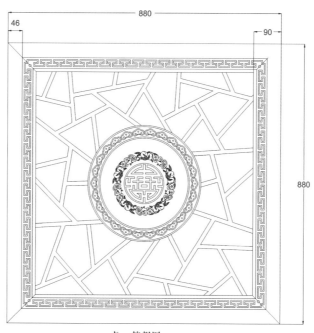

桌－俯视图

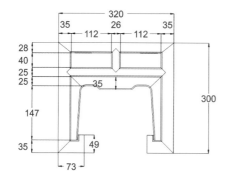

凳－主视图

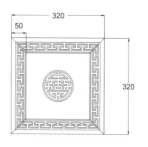

凳－俯视图

CAD 结构图（图示 2 ~ 5）

注：桌、凳的左视结构与主视结构相同，故省略左视图。

3. 用材效果

外观效果图（材质：黄花梨；图示 6）

外观效果图（材质：紫檀；图示 7）

外观效果图（材质：酸枝；图示 8）

4. 结构解析

桌面
卡子花
矮老
券口牙子

勾云足

整体结构图（图示 9）

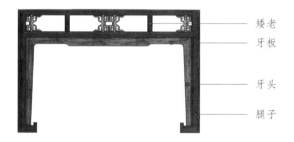

矮老
牙板

牙头

腿子

桌 - 主视图

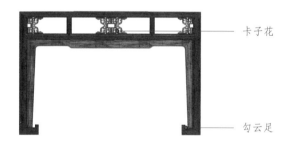

卡子花

勾云足

桌 - 左视图

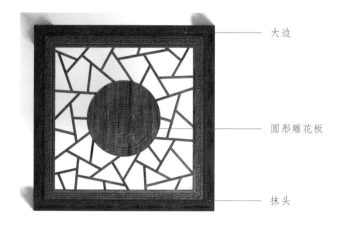

大边

圆形雕花板

抹头

桌 - 俯视图

三视结构图（图示 10 ～ 12）

承具 · 现代

座面

矮老

券口牙子

勾云足

整体结构图（图示 13）

矮老

牙板

牙头

凳－主视图

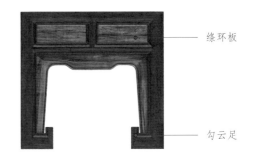

绦环板

勾云足

凳－左视图

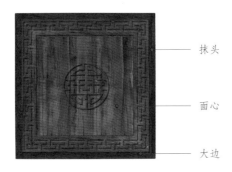

抹头

面心

大边

凳－俯视图

三视结构图（图示 14 ～ 16）

5. 雕刻图版

※ 现代中式冰心茶桌五件套雕刻技艺图

序号	名称	雕刻技艺图	应用部位
1	如意云头纹、五蝠捧寿纹		圆形镶板（桌）
2	团寿纹		座面（凳）
3	扯不断纹		面心边框（桌）
4	卷草纹、拐子纹		卡子花（桌）

现代中式竹节纹餐桌五件套

材质：黄花梨

丰款：现代

外观效果图（图示1）

1. 器形点评

　　此餐桌桌面呈长方形，独板做成，桌面光素，面沿劈料做。桌面之下安罗锅枨，罗锅枨上安矮老，中间镶绦环板，以竹席纹为地，雕刻梅、兰、竹、菊等纹样。罗锅枨与腿足之间又置棂格角牙。靠背椅椅背雕有竹枝和竹叶纹，雕工细腻，装饰优美。竹节纹样贯穿整套家具，整体显得端正大方，雕工精湛，雅致稳健。

2. CAD 图示

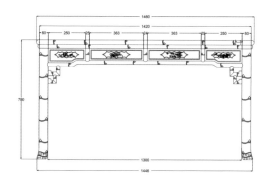

桌－主视图

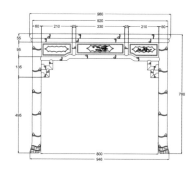

桌－左视图

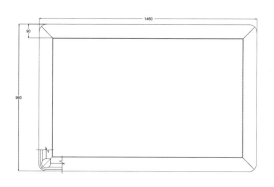

桌－俯视图

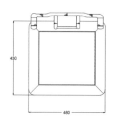

椅－俯视图

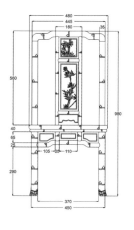

椅－主视图

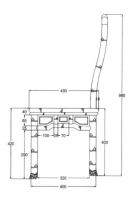

椅－右视图

CAD 结构图（图示 2 ～ 7）

3. 用材效果

外观效果图（材质：黄花梨；图示 8）

外观效果图（材质：紫檀；图示 9）

外观效果图（材质：酸枝；图示 10）

4. 结构解析

劈料做面沿
罗锅枨
角牙

腿子

整体结构图（图示11）

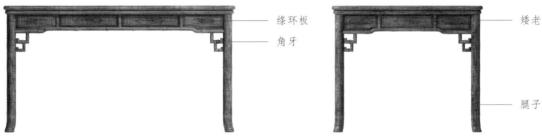

绦环板
角牙

矮老

腿子

桌－主视图   桌－左视图

大边

面心

抹头

桌－俯视图

三视结构图（图示12 ~ 14）

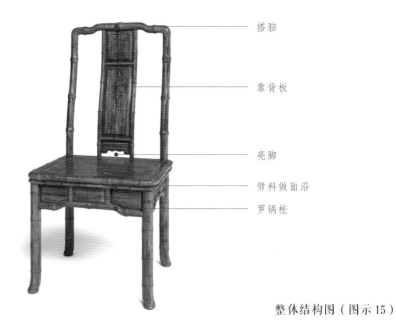

搭脑

靠背板

亮脚

劈料做面沿

罗锅枨

整体结构图（图示 15）

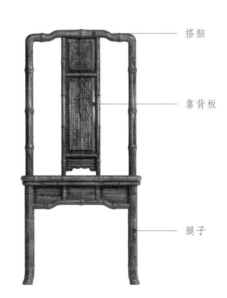

搭脑

靠背板

腿子

椅－主视图

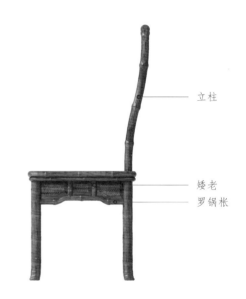

立柱

矮老

罗锅枨

椅－右视图

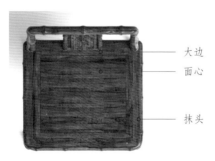

大边

面心

抹头

椅－俯视图

三视结构图（图示 16 ～ 18）

5. 雕刻图版

※ 现代中式竹节纹餐桌五件套雕刻技艺图

序号	名称	雕刻技艺图	应用部位
1	梅花纹		绦环板（桌）
2	菊花纹		绦环板（桌）
3	兰花纹		绦环板（桌）
4	竹枝竹叶纹		绦环板（桌）
5	竹枝竹叶纹		靠背板（椅）

现代中式东方韵餐桌五件套

材质：黄花梨

丰款：现代

外观效果图（图示1）

1. 器形点评

此餐桌桌面长方平直，造型古朴简洁。桌面下有束腰，束腰处雕饰西番
莲纹，线条委婉多姿、动感十足。方材直腿，洼堂肚牙板。四腿与牙板以粽
角榫相连，牙板与腿肩皆雕饰缠枝纹。此桌配有四把靠背椅，靠背椅的靠背
板分三段攒成，上段雕西番莲纹，中段为三弯素板，下段为壶门曲线亮脚。
靠背板两侧攒拐子纹。整套家具风格统一，造型优雅，大方质朴，古趣盎然。

2. CAD 图示

桌－主视图

桌－左视图

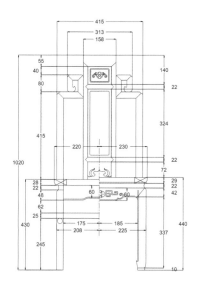

椅－主视图

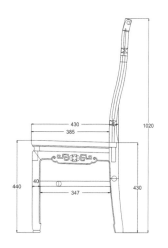

椅－右视图

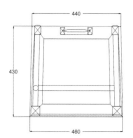

椅－剖视图

CAD 结构图（图示 2 ~ 6）

注：桌子俯视结构简单，故省略俯视图。

3. 用材效果

外观效果图（材质：黄花梨；图示 7）

外观效果图（材质：紫檀；图示 8）

外观效果图（材质：酸枝；图示 9）

4.结构解析

桌面
束腰

内翻马蹄足

整体结构图（图示10）

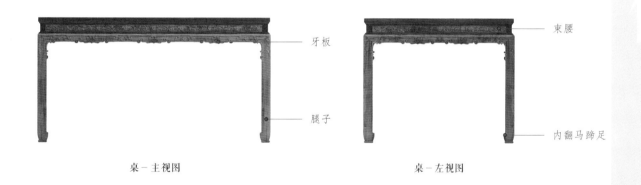

牙板

腿子

束腰

内翻马蹄足

桌-主视图   桌-左视图

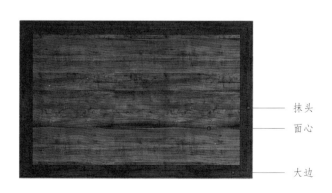

抹头
面心

大边

桌-俯视图

三视结构图（图示11～13）

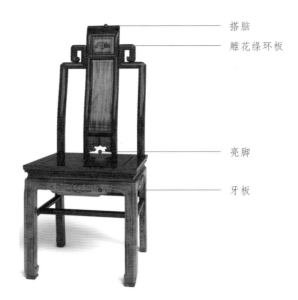

搭脑
雕花绦环板

亮脚

牙板

整体结构图（图示 14）

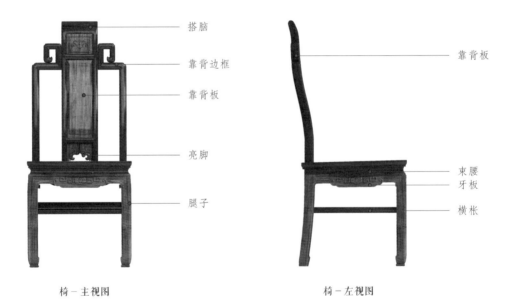

搭脑

靠背边框

靠背板

亮脚

腿子

椅－主视图

靠背板

束腰
牙板

横枨

椅－左视图

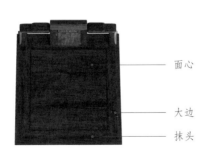

面心

大边

抹头

椅－俯视图

三视结构图（图示 15 ~ 17）

大成若缺

现代中式和泰餐桌五件套

材质：黄花梨

丰款：现代

外观效果图（图示1）

1. 器形点评

　　此餐桌款式古朴，造型经典。桌面喷出，冰盘沿线脚，桌面下有束腰，束腰下方连接桌腿和牙板。牙板雕如意宝石花纹和回纹，桌腿和牙板之间有卷草纹角牙装饰。桌腿笔直，足端外倾，雕有回纹，下踩柱础。此桌配有四把靠背椅，椅子搭脑呈官帽状，靠背板处雕有福（蝠）磬纹。整套家具端庄大气，古典质朴。

2. CAD 图示

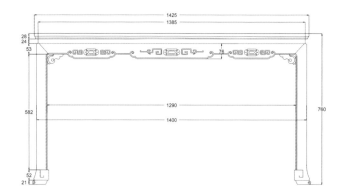

桌－主视图

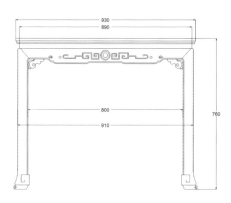

桌－左视图

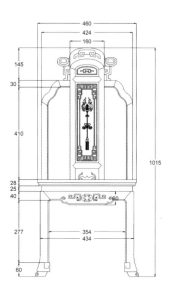

椅－主视图

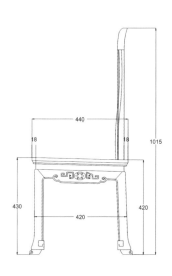

椅－右视图

CAD 结构图（图示 2 ~ 5）

注：桌、椅俯视结构简单，故省略俯视图。

3. 用材效果

外观效果图（材质：黄花梨；图示6）

外观效果图（材质：紫檀；图示7）

外观效果图（材质：酸枝；图示8）

4.结构解析

桌面
束腰
牙板

腿子

回纹足

整体结构图（图示9）

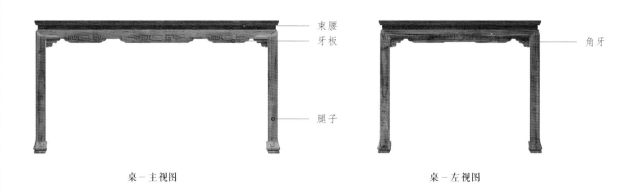

束腰
牙板

腿子

角牙

桌－主视图

桌－左视图

大边

面心

抹头

桌－俯视图

三视结构图（图示10 ~ 12）

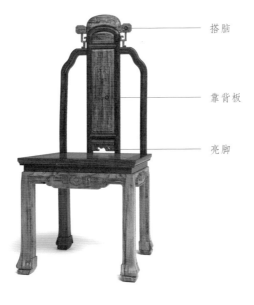

搭脑

靠背板

亮脚

整体结构图（图示 13）

承具·现代

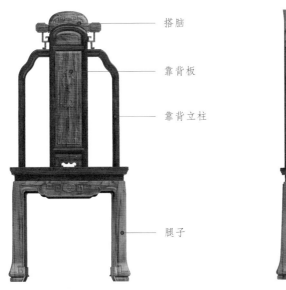

搭脑

靠背板

靠背立柱

腿子

椅－主视图

束腰

洼堂肚牙板

椅－左视图

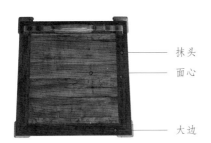

抹头

面心

大边

椅－俯视图

5. 雕刻图版

※ 现代中式和泰餐桌五件套雕刻技艺图

序号	名称	雕刻技艺图	应用部位
1	卷叶纹		角牙（桌）
2	福（蝠）磬纹		靠背板（椅）
3	卷云纹、拐子纹		侧牙板（桌）
4	如意宝石花纹、拐子纹		正牙板（桌）
5	宝石花纹		牙板（椅）
6	回纹		腿足（桌、椅）

附录：图版索引

图版索引

图版索引

图版索引

266

图版索引